KB124972

전자파 환경성 질환과 예방법

- 무선통신시대의 건강 안내서

박석순 옮김

경제적 이익보다 안전 최우선을 위해 투쟁하는
위대한 사람들에게 이 책을 바친다.

차례

역자 서문

새로운 침묵의 봄과 자해기술 방치시대

지난해 번역 출간한 "전자파 침묵의 봄(An Electronic Silent Spring)"은 전기와 무선통신기술이 야기하는 전자파의 유해성을 일반인들에게 알리는 경고성 역할을 충실히 하고 있다. 전자파로 인한 자연생태계와 인체건강 피해사례를 과학적 이론과 함께 소개하고 관련 법과 제도가 갖는 문제점을 지적하고 있다.

"전자파 침묵의 봄"을 번역하면서, "무선통신시대에 피할 수 없는 문명의 이기들을 어떻게 해야 하나?", "현대 문명의 주춧돌 역할을 하는 전기로 인한 인체건강과 자연생태계 피해는 어떻게 해야 하나?", "전기와 무선통신기술을 거부할 수 없는 지금 우리는 어떻게 해야 건강하고 쾌적한 삶을 누릴 수 있나?", "21세기에 새로운 침묵의 봄은 과연 올 것인가" 등 건강과 환경에 관한 여러 생각들이 내 머릿속을 떠나지 않았다. 나는 번역을 끝내고 과거에는 상상도 못했던 이 새로운 걱정거리를 해결해 보려고 해외 문헌을 조사하기 시작했다. 그러다가 마침내 매우 독특한 제목으로 된 한 권의 책을 발견하고 나는 유레카를 외쳤다.

이 책은 현대인의 건강한 삶을 위해 "Nick & Gen's Healthy Life"라는 온라인 뉴스 매체를 운영하는 니콜라스 피놀트(Nicolas Pineault)라는 30대 초반의 한 젊은 천재가 "전자파와 건강"이라는 주제를 오랜 기간 집요하게 연구한 결과다. 지금까지 나온 수많은 논문과 저서, 유튜브 영상물, 세계 각국의 관리제도 등을 조사하여 한 권의 책으로 엮었다. 그는 탁월한 지력으로 전문가도 이해하기 어려운 과학적, 의학적, 그리고 법과 제도적 지식을 일반인도 쉽게 알 수 있도록 간단명료하게 정리하고 해학적인 문장으로 독서의 지루함도 없앴다. 2017년 11월에 출간되어 지금까지 Amazon.com에서 최상급 저서로 평가 받고 있다.

저자는 책 제목도 "The Non-Tinfoil Guide to EMFs"라고 다소 우스꽝스럽게 지었다. 우리말로 표현하면 "알루미늄 포일을 쓰지 않아도 되는 전자기장 안내서"다. 일반인들은 무슨 말인지 쉽게 이해하기 힘들 것이다. 전자파 피해를 막기 위해 사용하는 방법이 알루미늄 포일을 뒤집어쓰는 것인데, 그렇게 하지 않아도 되는 좋은 방법을 소개한다는 의미다. 또 전자파 대신에 보다 포괄적이고 과학적인 전자기장 (EMFs: ElectroMagnetic Fields)을 제목에 넣었다. 나는 우리나라 독자들이 책의 내용을 쉽게 파악할 수 있도록 난해한 원저 제목 대신에 "전자파 환경성 질환과 예방법"을 역서 제목으로 정했다.

나는 이 책을 번역하면서 두 가지 매력에 푹 빠졌다. 하나는 책의 내용이다. 나는 학교에서 강의하면서 환경 전문가가 해야 할 가장 중요한 일은 "모든 사람들이 건강하고 쾌적한 환경을 누릴 수 있도록 하는 것"이라고 말해왔다. 이 책은 무선통신시대에 건강하고 쾌적한 삶을 위해 우리 모두가 반드시 알아야 할 지식을 전하고 있다. 하지만 지금까지 환경 전문가를 포함한 거의 모든 사람들은 이 중요한 지식을 모르고 있었으며, 그 결과 많은 사람들이 불면증, 이명, 불임, 자폐증, 유방암, 뇌종양 등과 같은 각종 질환에 시달리고 있다. 어떤 사람들은 "전자파 과민증"을 보이면서 정상적인 생활이 불가능한 경우도 있다. 그래서 나는 이 책이 전하는 지식 하나하나가 우리 국민 모두에게 너무나 소중하다는 확신이 들었다.

다른 하나는 책의 독특한 구성이다. 이 책은 전자파와 건강에 관련된 수많은 과학 및 의학 논문과 저서, 법과 제도, 전기와 무선통신기술에 관한 내용을 담고 있다. 이 방대하고 엄청난 분량의 지식을 일반인들에게 쉽게 전달하기 위해 저자는 독특한 구성을 시도하고 있다. 간결한 문장과 표로 정리하고, 주요 내용은 글씨 모양과 크기를 달리하였으며, 책의 곳곳에 그림과 사진을 넣고 있다. 특히 저자 자신이 직접 등장하는 사진을 넣어 보다 설득력 있게 내용을 설명하고 있다. 그래서 이 책은 내용을 읽는 것이 아니라 시각적으로 인지한다는 느낌이 들고, 그 결과 오랜 시간 기억하기에 좋고 필요한 내용은 다시 찾아보기가 쉽다. 책의 구성이 너무 매력적이어서 나는 출판사에 원저의 조판 형식을 반드시 그대로 살려달라고 특별히 부탁했다.

책은 크게 7개의 장과 맺음말로 구성되어 있다. 제1장은 전자기장에 관한 기초 지식을 소개하고, 제2장은 과학의 허구성과 전자기장에 관련된 과학적 오류를 설명하고 있다. 제3장은 지금의 안전기준이 갖는 문제점을 비판하고, 제4장과 제5장은 각각 전자기장에 대한 지금까지 알려진 유해성과 아직도 밝혀지지 않은 사실들을 정리하고 있다. 제6장은 유해기술 방치와 사전예방이라는 선택의 교차로에서 우리가 가야할 길을 안내하고 있다. 제7장은 이 책의 가장 중요한 부분으로 각 개인이 건강한 삶을 위해 스스로 해야 할 일을 자세히 소개하고 있다. 휴대폰, 태블릿, 컴퓨터, 블루투스 등과 같은 개인용 기기를 안전하게 사용하는 비결과, 와이파이, 유해전기, 조명기구, 스마트미터 등에서 방출되는 전자파를 방지하여 건강하고 쾌적한 주거환경을 만드는 방법을 소개하고 있다. 또한 전자파 취약 계층인 임산부와 어린이를 보호할 수 있는 방법을 알려주고 있다.

저자는 맺음말에서 후세 역사학자들은 "지금 우리가 살아가는 21세기 초를 현대 기술의 중세 암흑기라 여길 수도 있다"라고 적고 있다. 자신들이 만든 기술이 스스로의 세포를 공격하고 병들게 한다는 사실 때문이다. 다시 말하면 지금 우리는 "자해기술 방치시대"를 살아가고 있다는 것이다. 그래서 저자는 이 책의 부제를 "How to Fix Our Stupid Use of Technology"로 하고 있다. 우리말로 표현하면 "우리들의 바보 같은 기술 사용을 어떻게 바로 잡나"이다.

우리나라는 현재 세계 최상급 자해기술 방치국가군에 속한다. 정보통신기술 강국에 세계 최고의 무선통신 보급률, 그리고 지난해 12월 세계 최초로 5G 시대 시작까지 공식 선언했다. 하지만 지금 우리의 전자파 관리는 원활한 통신을 위해 방송통신위원회의 전파법으로 이루어지고, 환경부는 전자파를 환경유해요소로 포함조차 하지 않고 있다. 그나마 선진국에서는 인체건강과 자연생태계를 보호하기 위한 활발한 연구와 계몽 운동이라도 일어나고 있지만, 우리의 현실은 너무나 다르다. 우리는 지금 스스로 알아서 건강과 환경을 지키는 방법밖에 없다.

이 책을 번역하면서 나는 지난 "전자파 침묵의 봄"에 이어 또 한 번의 행복한 시간을 보냈다. 무엇보다 이 책을 통하여 많은 국민들이 건강하고 쾌적한 환경에서 생활하게 될 것이라는 기대감 때문이었다. 그리고 전자파에 대한 국민 의식이 달라지면 제조 기업이 보다 안전하고 친환경적인 무선통신기술을 연구개발하게 될 것이라는 생각도 했다. 아울러 높아진 국민 의식은 보다 엄격한 정부 규제를 이끌어내고, 결국 어처구니없는 지금의 자해기술 방치시대는 사라지게 될 것이라는 신념을 가지게 되었다. 저자 또한 나와 비슷한 생각을 책의 맺음말에 적고 있다.

이 역서가 나오기까지 도움을 주신 모든 분들께 감사의 뜻을 전한다. 특히 이 시대 우리 모두가 알아야 할 중요한 지식을 한 권의 명저로 엮어낸 저자, 니콜라스 피놀트(Nicolas Pineault)와 나의 저술 활동을 항상 흔쾌히 지원해 주는 윤석전 사장님께 깊은 감사를 드린다. 또한 원고 정리를 도와준 대학원생 임정민과 어려운 조판으로 수고한 최민형과 박은지씨, 그리고 나를 또 다시 행복한 번역 삼매경에 빠지게 해준 소중한 분께 고마움을 전한다. 끝으로 이 책이 전하는 지식이 우리 모두의 상식이 되어 모든 국민이 건강하고 쾌적한 삶을 누릴 수 있길 기대해 본다.

2019년 5월
신촌 이화동산 신공학관 560호에서

박 석 순

저자 서문

이 책에 숨겨진 따분한 이야기

내가 이 책을 저술하게 된 배경에 멋진 드라마가 있었으면 좋았을 것이다. 어느 햇살 좋은 일요일에 내가 하루 종일 휴대폰을 들고 있고, 그러다 몸이 너무 아파 몇 달씩 병상에 눕게 되고, 마침내 심신이 쇠약해지는 전자파 과민증에 시달려 온 사실을 알게 되는 그런 이야기 말이다.

그 후 나는 모든 것을 포기하고 반인류적 범죄의 희생자들을 위해 투쟁하는 세계적으로 유명한 운동가가 된다.

그런데 사실 나는 단지 건강을 위해 열심히 노력하는 보통 사람에 불과하다. 그리고 달리 내세울 것이라고는 궁금한 것은 끝까지 파헤쳐 보려고 하는 약간 외골수적인 성향이 있다는 것뿐이다.

내 이름은 닉 피놀트(Nick Pineault), 지난 4년 동안 영양, 환경, 그리고 건강과 관련된 것을 "Nick & Gen's Healthy Life"라고 불리는 온라인 뉴스레터에 게재해 왔다.[1]

나는 지금까지 1,500여 통의 기사를 써서 전 세계 수만 명의 회원들에게 보냈다. 2013년에는 우리의 잘못된 식품에 관한 "지방분해 식품의

---

[1] 뉴스레터를 받기를 원하면 nickandgenhealthylife.com를 방문하라.

진실(The Truth About Fat Burning Foods)"이라는 E-Book 시리즈도 저술했다. 이 책은 5만부 이상 팔렸고, 판매 부수를 미루어 짐작해보면 숫자상으로는 아마존 베스트셀러에 가깝다.

내가 이룩한 일을 과시하는 것을 좋아하지 않지만 나 자신이 신뢰할 수 있는 사람이라는 것을 보여주기 위해 언급한 것이다.

사실 나는 탁월한 능력이나 권위 있는 학위증도 없다. 나는 언론학을 전공한 학사로서 개방적이기도 하지만 비판적이며, 한 가지 주제에 관하여 아주 깊게 파고드는 독특한 외골수 성향을 가지고 있다. 한 주제에 거의 몰입했다가 마침내 전반적인 내용을 일반인들도 이해할 수 있을 정도로 설명하기 위해 다시 일상으로 복귀하는 스타일이다.

이 책은 EMF 자료를 조사하기 위해 헤아릴 수 없을 만큼 수많은 시간(아마 1,500시간도 넘는)을 투자한 결과다. 조사한 자료는 EMF의 건강 영향과 지금의 안전기준 개선을 연구하고, 보다 나은 세상을 위해 현상 유지 타파에 헌신해 온 훌륭한 과학자, 연구자, 저술가, 환경운동가, 그리고 엔지니어들이 발표한 것들이다.

나는 다음과 같은 사항을 집요하게 연구했다.

- 아마존 최고의 베스트셀러로 선정된 다음과 같은 EMF 관련 저서를 검토했다 : Zapped (Ann Louise Gittleman), Disconnect: The

Truth About Cell Phone Radiation, What the Industry Has Done to Hide It, and How to Protect Your Family (Devra Davis, PhD), Overpowered: The Dangers of Electromagnetic Radiation (EMF) and What You Can Do about It (Martin Blank, PhD), EMF Freedom — Solutions for the 21st Century Pollution — 3rd Edition (Elizabeth Plourde, PhD and Marcus Plourde, PhD), and Going Somewhere: Truth about a Life in Science (Andrew A. Marino, PhD). 몇 가지 중요한 책만 여기서 언급했다.

- 전 세계 EMF 연구에 관한 선구자적인 석학들(Martin Pall, Magda Havas, Martin Blank, Devra Davis)과 Environment Health Trust, Powerwatch UK, Microwave News, Defender Shield의 Daniel & Ryan DeBaun 등이 발표한 최신 연구 결과를 검토했다.

- ElectricSense.com의 Lloyd Burrell이 전자파 과민증, 셀 타워, 스마트미터, EMF 차폐 및 경감, 기타 여러 EMF 주제에 관한 최고의 연구자들을 인터뷰한 내용을 청취했다.

나는 이 많은 자료 중에서 EMF의 선구자인 Daniel & Ryan DeBaun이 저술한 "Radiation Nation: The Fallout of Modern Technology"을 이 책의 특별한 참고 자료로 꼽고자 한다.

내가 저술을 시작할 무렵 "Radiation Nation"이 막 출간되었다. 저자들이 그 때까지 흩어져 있었던 여러 내용들을 연결시켜 놓았기 때문에 이 책만 열심히 파고들면 나의 집필과 연구는 가속도가 붙게 되었다.

만약 EMF에 관해 좀 더 알고 싶으면 앞서 언급된 자료들이 매우 유용하며 도움이 될 것이다.

하지만 내가 투자한 1,500여 시간의 연구 과정을 건너뛰고, EMF가 무엇이며 왜 신경을 써야 하는지, 또 건강을 위해 무엇을 해야 하는지 등 핵심 내용만 알고 싶다면 이 책을 계속 읽어 나가길 바란다. 이것이 이 책을 저술한 근본 취지다.

이 책에 관한 정직한 진실

나는 결코 독자들이 이 책을 읽고 나서 시간을 낭비했다고 후회하는 것을 원하지 않는다. 그래서 시작하기 전에 독자들의 기대 수준을 이야기해 보고 싶다.

이 책에서 기대할 수 있는 것

- EMF 노출과 그로 인한 건강 위험(이미 밝혀졌거나 잠재적 가능성이 있는)을 안전하게 줄이기 위해 지금 실행 가능한 사항을 독자들에게 알려주는 도구
- 지금의 EMF 안전기준이 얼마나 오래되고 비효과적인지를 보여주는 강력하고 확실한 증거에 대한 허심탄회한 토론
- EMF의 진실을 잘 이해할 수 있도록 저술되었고 언제라도 다시 찾아

볼 수 있는 쉬운 참고서

- EMF의 신체 영향에 대한 개인적인 민감 여부를 떠나 독자들을 더 건강하고 행복한 사람으로 만드는 실용 교육 도서
- 지금의 잘못된 안전기준이 최신 과학이 밝혀낸 사실을 따라잡을 때까지 우리의 기술을 보다 안전한 방법으로 사용해야 할 필요가 있다는 확실한 증거

이 책에서 기대할 수 없는 것

- EMF와 관련된 모든 문제 또는 건강 영향을 다루는 방대하고 읽기 어려운 책
- 통신 회사, 규제기관 그리고 관련 사람들이 인체 건강에 대해 어떻게 음모를 꾸몄는지에 관해 정치적으로 폭로하는 책(건강에 관련된 확실한 사실이 있긴 하지만)
- 기술적 세부 사항에 초점을 맞춘 엔지니어 수준의 EMF 안내서
- 가능하면 빨리 휴대폰을 산산조각 내는 방법을 찾기 위해 본론에서 벗어나 유리한 자료만 짜깁기한 환경운동가의 선전과 무서운 책략으로 가득찬 책
- EMF가 당신을 죽인다거나 뇌를 태운다거나 암을 유발한다는 확실한 증거를 보여주기 위한 책

이 책에 관한 불편한 포기 선언

이 책의 내용은 미국 식품의약품안전청(연방통신위원회는 당연히 아님)에 의해 평가된 적이 없으며, 질병의 진단, 처치, 치료 또는 예방에 승인되지 않았다. 이 책은 질병의 진단, 치료, 또는 의료 자문을 제공하기 위한 것이 아니다. 이 책에 나오는 제품, 서비스, 정보 및 기타 내용(제3의 웹사이트에 링크하여 제공되는 것도 포함)은 단지 독자들에게 알리기 위한 것이다. 의료 및 건강 진단, 또는 치료에 관해서는 반드시 의사나 보건 전문가에게 문의하길 바란다.

내가 어떤 개인에게 EMF의 건강 영향에 관해 조언을 하려면 법적으로는 의사와 함께 해야 한다. 그런데 만약 실제로 그렇게 한다면 대부분 의사들은 일종의 조울증 진단이나 내리고 인터넷에 떠도는 이야기들을 믿지 말라고 할 것이다.

대부분의 의사들은 아주 낮은 수준의 EMF도 어떤 사람들에게는 부작용을 일으킬 수 있다는 것을 알지 못한다. 수면에 약간의 영향을 미치는 것에서부터 전자파 과민증으로 심신쇠약 증세를 보이는 현상에 이르기까지 대부분의 의사들은 전혀 모른다.

그들은 히포크라테스 선서를 하면서 환자에게 아무런 해를 끼치지 않는다고 맹세하지만, 자신들이 단지 EMF에 관해 아무것도 모르기 때문에 환자에게 해를 주고 있다는 사실도 모르고 있다.

EMF에 대한 무지는 의료계를 넘어 여러 분야에 광범위하게 퍼져있다. 대부분의 주택건설업체와 전기기술자는 자신들이 설치하는 전기 시스템에서 전자파 강도를 줄이는 방법을 알지 못한다. 또한 대부분의 엔지니어들과 물리학자들은 낮은 수준의 EMF는 인체에 해를 끼칠 수 없다고 여전히 믿고 있다. 그리고 그들은 이 문제를 제기하는 사람은 누구든지 마치 꾸며진 음모에 집착하는 결벽증 환자에 불과하다고 관련 정책입안자, 정치인, 그리고 결정권자들을 확신시켜 왔다.

지금 우리의 EMF 안전기준은 최근에 독립 개별 연구로 밝혀진 과학적 사실과 큰 차이를 보인다. 법적 안전기준이 과학적 사실을 따라잡을 때까지 내가 독자들에게 전하고 싶은 진심 어린 조언은 EMF에 매우 비판적이고 스스로 공부하며 노출을 줄이기 위해 최선을 다하라는 것이다.

다음으로 넘어가기 전에

처음에는 거짓말이 아니라 EMF 관련 전체 내용에 엄청나게 압도당하는 느낌이 들 것이다.

어느 한 순간에는 파멸이 임박했음을 강하게 느낄 수도 있다. 특히 EMF에 매우 민감한 사람이나 어린이는 세상이 아주 무서운 곳이라고 생각할 수도 있다.

하지만 아직 겁낼 필요 없다. 심호흡을 하고, 미소를 짓고(여유를 가지고), 그저 여러분이 알고 있는 지식으로 할 수 있는 최선을 다하라.

이 책에서 얻을 수 있는 새로운 정보로 무장하게 되면, EMF 노출을 안전하게 줄일 수 있을 것이다. 그중 95%는 단 몇 분 만에 아무런 비용을 들이지 않고도 할 수 있다. 전자파 방지용 알루미늄 포일 모자 따위는 필요 없다.

제1장

전자기장

E - M - F 란 무엇인가?
4가지 종류의 EMF
EMF는 모든 곳에 있다

E-M-F는 도대체 무엇인가?

EMF(Electromagnetic Field: 전자기장)라는 말을 듣고 제일 먼저 떠오르는 생각이 무엇인지 물으면 사람들은 아무 생각도 나지 않지만 왠지 UFO(미확인 비행물체) 같이 들린다고 한다.

이 말을 듣고 나는 순간적으로 아직도 많은 사람들이 뭔가 크게 잘못 알고 있다는 생각을 하게 되었다. 이미 수년전부터 휴대폰 통화가 위험하다는 것이 언론을 통해 보도되었음에도 불구하고, 대부분의 사람들은 스마트폰이나 와이파이와 같은 무선통신기기들로부터 나오는 소리나 냄새도 없고, 보이지도 않는 전자파에 노출되는 것이 건강에 해롭다고 말하면 마치 꾸며진 음모에 집착하는 결벽증 환자로 여기고 있다.

나는 EMF가 허황된 마녀 장난 같은 것이 아니라는 것을 보여주기 위해 먼저 기초과학 이론부터 시작하겠다. 나는 아내가 건강 관련 질문을 할 때마다 답을 하는데 시간이 너무 오래 걸리는 것이 항상 싫었다. 그래서 가능하면 짧은 시간 내에 설명을 끝내겠다.

EMF는 긴 스펙트럼으로 체계화하고 파장과 주파수에 따라 분류할 수 있다. EMF 스펙트럼의 왼쪽에서는 가정용 전기콘센트(미국과 캐나다에서는 60헤르츠)에서 나오는 긴 파장을 가진 주파수를 볼 수 있다. 그 반대 측 오른쪽 끝부분에서는 엑스선(X-Ray)이나 감마선과 같은 아주 짧은 파장을 가진 주파수를 볼 수 있다. 이것은 신체를 즉시 손상시키고 유전자(DNA)를 파괴시킬 수 있는 충분한 에너지를 갖고 있다. 그래서 아무도 가까이 하길 원하지 않는다.

EMF는 "전자기장(Electromagnetic Fields)"을 말한다.
이것은 "전기적으로 충전된 물체에 의해 만들어지는 물리적 현상"이다.

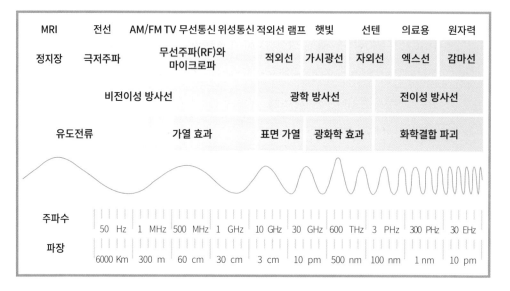

MRI	전선	AM/FM TV 무선통신 위성통신 적외선 램프		햇빛	선텐	의료용	원자력
정지장	극저주파	무선주파(RF)와 마이크로파	적외선	가시광선	자외선	엑스선	감마선
비전이성 방사선			광학 방사선			전이성 방사선	
유도전류		가열 효과	표면 가열	광화학 효과		화학결합 파괴	

주파수	50 Hz	1 MHz	500 MHz	1 GHz	10 GHz	30 GHz	600 THz	3 PHz	300 PHz	30 EHz
파장	6000 Km	300 m	60 cm	30 cm	3 cm	10 pm	500 nm	100 nm	1 nm	10 pm

여기서 잠시 짚고 넘어가야 할 사항이 있다. EMF에서 주파수는 매 초당 발생하는 진동 횟수를 말하는 것으로 단위는 헤르츠(Hz)다. 지구의 자연 자기장은 약 7.83Hz에 해당하며, 휴대폰에서 나오는 4G/LTE 신호는 2.7 기가 헤르츠(GHz, 초당 27억 회 진동)에 육박한다. 그 정도로 빠른 것이다.

---

2 en.wikipedia. org

여기까지는 우리가 식사 자리에서도 나눌 수 있는 가벼운 이야기 수준에 불과하다. 왜냐하면 지금까지 얘기한 어떤 내용도 EMF가 위험하다는 것을 의미하지는 않기 때문이다.

어쨌든 EMF는 기본적으로 자연계 어디든지 존재하고 있다. 믿고 싶지 않겠지만, 사실은 태양광도 EMF의 일종으로, 눈에 보이는 파장인 가시광선(무지개 전체를 생각하면 된다), 눈에 보이지 않는 자외선(UV, 비타민 D를 생성시키고 과다 노출되면 피부 화상 유발)과 적외선(IR, 열)으로 이루어져 있다.

EMF라는 주제를 전체적으로 파악하기 힘든 이유 중 하나는 상당 부분 사람의 눈으로 볼 수 없기 때문이다. 그런데 사람의 눈으로는 볼 수 없는 어떤 부분(예를 들어 적외선이나 자외선, 또 다른 EMF)은 동물들이 볼 수 있으며, 그런 동물 종의 수도 많다.[3] 사람은 대부분의 EMF를 특수 전자스모그(Electrosmog) 측정기(Cornet ED88T) 없이는 볼 수도 없고, 냄새도 없어 감지할 수 없다. 앞으로 하나씩 설명하면서 실제 사례를 보여주기 위해 Cornet ED88T를 사용할 것이다.

이 책은 전반적으로 "자연 현상에서 나타나는 EMF"는 간략하게 언급하고 대부분은 스마트폰, 와이파이, 셀 타워(중계기 안테나), 스마트 미터, 일상 생활용품, 전자기기, 그리고 주택의 전선 같은 곳에서 나오는 "인간이 만든 EMF"로 인해 야기될 수 있는 유해성, 특히 인체

---

3 sciencing.com

건강에 초점을 둘 것이다.

우리가 염려해야 할 4가지 EMF

나는 4가지 종류의 EMF를 요한 계시록에 나오는 "인류의 4대 재앙 (The 4 Horsemen: 질병, 전쟁, 기근, 죽음을 상징)" 또는 다른 적합한 단어를 생각해 봤지만, 의미를 제대로 표현할 만한 것을 찾지 못했다.

시작 단계에서 "EMF가 야기하는 위험"에 관해 설명하는 것은 부적절하다. 왜냐하면 우리가 어떤 EMF(즉 감마선, 엑스선, 태양광, 마이크로파, 또는 약한 자기장)를 말하는지 알 수 없기 때문이다. 위험이라는 말을 넣으면 오히려 혼란만 줄 뿐이다.

나는 이 책에서 인체 건강에 좋지 않은 영향을 주는 4가지 EMF, 즉 무선주파수(RF: Radio Frequency), 자기장(MF: Magnetic Fields), 전기장(EF: Electric Fields), 그리고 유해전기(DE: Dirty Electricity)에 관해 설명할 것이다.[4]

---

4 어떤 이들은 이 분류가 너무 애매하다고 한다. 하지만 대부분의 EMF 경감 전문가와 컨설턴트는 이 네 가지 유형에 따라 EMF를 다루고 있기 때문에 이 책에서는 이렇게 분류한다.

무선주파수(RF)	자기장(MF)	전기장(EF)	유해전기(DE)

위의 4가지 아이콘은 이 책에서 어떤 EMF에 관해 설명하는지 알려줄 것이다.

공인자격을 부여받은 빌딩생물학 기사(Certified Building Biologist)[5]와 같은 EMF 경감 전문가들은 이 네 가지 종류의 EMF를 측정하고 줄이려고 노력한다. 이들의 목적은 주택이나 건물을 건강한 생활공간으로 만들어 거주자들이 숙면을 취하고 왕성한 생명활동을 할 수 있도록 하는 것이다.

이 네 가지 종류의 EMF는 각각 다른 건강 영향(긍정 또는 부정)과 관련되어 있고 발생원도 다르다. 또한 발생을 줄이거나 노출을 피하려고 할 때 사용하는 방법도 각각 다르다.

지금은 이러한 이야기들이 머리 위에 구체적으로 떠오르지 않겠지만, 이 책을 읽어 가다 보면 점점 감을 잡게 될 것이다. 내 말을 믿고 계속 책을 읽어주길 바란다.

---

5 빌딩생물학 기사는 원래 독일에서 시작된 직업이다. 이 직업이 하는 일은 오염 물질이 없는 깨끗한 실내 공기와 수돗물이 공급되고 전자파 공해가 없는 건강한 집과 학교, 그리고 일터를 만드는 것이다. 좀 더 자세한 것은 hbelc.org/about를 참고하기 바란다.

무선주파수(RF)

MRI	전선	AM/FM TV 무선통신 위성통신
정지장	극저주파	무선주파(RF)와 마이크로파

무선주파수의 주요 발생원[6]

무선 전화기	스마트 미터	스마트폰 (3G/4G/LTE)	와이파이	전자 레인지	5G [7]	블루투스
900MHz	900MHz ~ 2.4GHz	710MHz ~ 2.7GHz	2.4 또는 5.8GHz	2.45GHz	3.85 ~ 71GHz	2.4 ~ 2.485GHz

혹시 누군가로부터 계란을 요리하는데 휴대폰을 사용했다는 얘기를 들어본 적이 있나요?

이것은 도시인들 사이에서 전해오는 이야기다. 사실 스마트폰에서 나오는 전자파는 아침 식사를 요리할 만큼 충분한 에너지를 가지고 있지 못하지만, 그렇다고 이 이야기가 전혀 터무니없는 것은 아니다.

휴대폰, 무선전화기, 와이파이, 스마트미터, 블루투스 작동 기기들은

---

6 wpsantennas.com
7 지금으로서는 미래에 나올 5G 네트워크가 정확하게 어떤 주파수를 사용할지 확실하지 않다.

모두 무선주파수(RF: Radio Frequency) 영역의 전자파 방사선을 방출한다. 이들 중 어떤 것들은 음식을 요리할 때 사용하는 전자레인지와 똑같은 주파수를 사용하고 있다(비록 극히 낮은 세기를 사용하긴 하지만).

무선주파수는 3kHz부터 300GHz 영역에 해당하는 것으로 다음에 설명할 3가지 유형과 비교할 때 상당히 높다. 전자레인지도 무선주파수의 일종으로 100kHz부터 300GHz 영역에서 작동하기 때문에 보통 RF 방사선 영역으로 분류되기도 한다. 이런 지식은 시험에는 나오지 않으므로 걱정할 필요는 없다.

자기장(MF)

MRI	전선	AM/FM TV 무선통신 위성통신
정지장	극저주파	무선주파(RF)와 마이크로파

자기장 주요 발생원

전자기기 충전기	고압선	전원 차단기	배선 결함 주택	수도 및 가스 파이프 전류

전선이나 금속 물체(수도나 가스 배관, 나중에 다룰 예정)에 흐르는 어떤 세기의 전기든지 전자기장을 형성한다. 이름에서 암시하듯 전자기장(EMF)은 서로 직각을 이루는 전기장과 자기장을 함께 포함하고 있다. 이것은 과학이다.

로스앤젤레스에서 공인 빌딩생물학 환경 컨설턴트[8]로 활동하는 전자기 방사선 전문가 오람

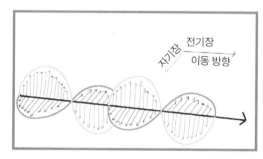

---

8 createhealthyhomes.com

밀러(Oram Miller)에 따르면, 가장 일반적인 자기장 노출은 그가 '점원(Point Source)'이라 칭하는 변압기, 전기 모터, 전원 차단기, 전기 계량기(디지털 스마트미터나 오래된 아날로그 방식의 미터) 등에서 일어난다. 점원은 자기장 노출 수준이 높지만, 다행인 점은 자기장 노출 강도가 거리에 따라 비교적 급격히 떨어진다는 사실이다.

영화에서는 트랜스포머(변압기, Transformer)가 "우주를 구하는 거대한 로봇"을 의미하기도 하지만, 오람 밀러가 말하는 트랜스포머는 벽면 콘센트에서 나오는 표준 120/240v 교류(AC) 전기를 전자기기가 제대로 작동하기 위해 필요로 하는 직류(DC)로 변환시키는 장치를 말한다. 전기 변환에 사용되는 전자 및 전기 충전기 또는 모터는 주변에 최대 몇 미터까지 자기장을 방사시킬 수 있다.

우리가 사용하는 스마트폰이나 랩톱의 충전기도 이러한 전기 변환 장치에 해당된다. 여기서는 두 가지만 예로 들었다.

내가 이 책의 전반에 걸쳐 주안점을 두고자 하는 자기장은 50~60Hz 영역에 관한 것으로, 대부분은 집 안에서 사용되는 가전제품이나 전자기기에 흐르는 전류에 의해 생성된다. 이러한 자기장도 높은 수준에 지나치게 오랫동안 노출되면 문제가 될 수도 있다.

전기장(EF)

MRI	전선	AM/FM TV 무선통신 위성통신
정지장	극저주파	무선주파(RF)와 마이크로파

전기장 주요 발생원

주택 배선	전깃줄	접지 안 된 전자기기	코드와 충전기	램프와 전구

자기장과 전기장의 차이점을 쉽게 이해하려면 호스로 정원에 물을 주는 것을 상상해보라.

호스에 흐르는 물은 전선에 흐르는 전류에 해당하고, 전류 주변에는 자기장이 형성된다.

호스 내부 수압은 주변에 전기장을 형성하는 전선의 전압에 해당한다. 전기장은 인체와 같은 자연 안테나에 의해 흡수되기 때문에 문제가

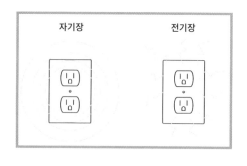

발생한다. 전기장은 기본적으로 약한 전기 자극을 신체에 지속적으

로 주기 때문에 사람들이 인식하지 못하지만 장기적으로는 건강에 나쁜 영향을 줄 수 있다.[9]

이것은 "마치 호스 내부 수압처럼 램프에 연결된 전선의 전기는 스위치가 켜진 상태가 아니더라도 계속해서 전기장을 발생시키고 있다"는 의미를 포함하고 있다.

---

9 e-options.info

유해전기(DE)

MRI	전선	AM/FM TV 무선통신 위성통신		
정지장	극저주파	무선주파(RF)와 마이크로파		

유해전기 주요 발생원

형광등	전자기기 충전기	태양광 패널 변환기	조광 스위치	스마트 TV

가정이나 사무실에서 사용하는 일반용 전기는 보통 60Hz(미국과 캐나다) 또는 50Hz(유럽, 대부분의 아시아, 아프리카, 남미, 그리고 호주 및 뉴질랜드[10])의 주파수를 갖는다.

문제는 수많은 현대식 전자기기들은 전류의 흐름을 초당 엄청나게 많은 횟수를 반복적으로 차단시키는 방식으로 작동되도록 특별히 설계되었다는 것이다. 일례로 조광 스위치는 조명등의 On-Off 버튼을 초당 120회 정도 계속 반복한다. 우리 눈으로는 이렇게 빨리 깜박이는 것을 인식하지 못하지만 결과적으로 실내 광도를 줄이게 된다.

에너지 절약형이라고 하는 기기들은 모두 이와 동일한 방식으로 작

---

10 en.wikipedia.org

동한다. 예를 들어 에너지 절
약 소형 형광등(CFL: Compact
Fluorescent Light)는 초당 최소한
20,000번의 On-Off를 반복하여
에너지 소비를 줄인다.[11]

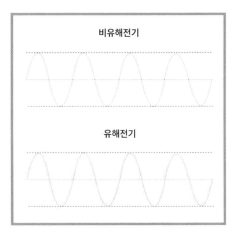

이러한 방식으로 전류 차단을
반복하면 조도를 낮게 하거나
에너지 소비를 줄일 수 있지만
전기의 질은 떨어진다. 지난 50년간 세계에서 가장 권위 있는 학술지
에 수십 편에 달하는 이 분야 연구 논문을 발표해 온 예방의학자 샘 밀
함(Sam Milham) 박사는 이를 "유해전기 발생기작"이라 했다.

유해전기는 보통 50~60Hz 범위에 머무르지만 중간주파수(300Hz~
10MHz) 영역에 해당하는 엄청난 양의 EMF를 발생시킬 수 있는 골치
덩어리다.[12]

쉽게 말해 가정이나 사무실에서 유해전기가 나온다는 것은 중간주파
수 영역의 전기장을 끊임없이 발생시킨다는 것이다. 오람 밀러(Oram
Miller)에 따르면 특히 무선주파수 2kHz에서 100kHz 영역은 인체에
심각한 영향을 줄 수 있다는 것이다.

---

11 Milham, S., MD. (2012). Dirty Electricity: Electrification and the Diseases of
    Civilization. iUniverse
12 마그다 하바스(Magda Havas)의 동영상 "Dirty Electricity Explained"는 다음
    링크를 참고하라. youtube.com/watch?v=vbebpRvwd8k

우리는 거대한 EMF 수프 속에 살고 있다

우리가 전기 배선망을 끊어버리고 스마트폰은 절대로 사용하지 않으며, 와이파이 라우터를 없애버리고 집 안에서 촛불만 사용하지 않는 한 우리의 몸은 자연 상태보다 보통 수백만 배나 더 높은 인공 EMF에 지속적으로 노출되고 있다.

이 글을 쓰고 있는 지금 이 순간에도 무선 마우스는 랩톱과 통신하기 위해 초당 500번에 이르는 펄스 형태의 2.4GHz 무선주파수 신호를 보내고 있다.[13] 아마 이 전자파는 나의 오른손을 관통하여 지나갈 것이다.

EMF 종류	자연 상태의 EMF 수준[14]	현대 사회의 EMF 수준	노출 증가율
무선주파수(RF)	< 0.00002V/m	0.434[15] (도시의 일반 수준)	2,170,000%
자기장(MF)	0.000002mG	< 2mG[16] (미국 가정 평균)	100,000,000%
전기장(EF)	0.0001V/m	< 10V/m[17] (미국 가정 평균)	10,000,000%

---

13 gaming.logitech.com
14 Michael Bevington이 저술한 Electromagnetic Sensitivity and Electromagnetic Hypersensitivity에 나오는 내용. 다음 자료 참고 See here.
15 ecfsapi.fcc.gov
16 1993년 노출 자료. nieh.nih.gov
17 1990년 노출 자료. books.google.ca

내가 사용하고 있는 헤드폰은 뇌의 바깥 부분에 도달할 정도의 약한 자기장을 발생한다. 내가 요즈음 대부분의 집필 시간을 보내고 있는 스타벅스에는 강력한 와이파이 라우터가 적어도 하나는 설치되어 있다. 내가 생각하기에는 최소 30여종의 기기들(스마트폰, 랩톱, 태블릿, E-Book 단말기 등)이 와이파이 라우터에 연결되어 있는 것 같다. 이러한 기기들은 우리처럼 커피를 마시는 사람들에게 인터넷을 제공하기 위해 라우터 연결을 통해 사방에 무선주파수 방사선을 방출한다.

내 다리 옆으로는 수십 개의 전선과 내 랩톱 충전기가 있다. 이 모든 것들은 벽에 있는 콘센트와 연결된 지점부터 전기장을 발생시키며, 실내에 있는 모든 기기들이 내 랩톱처럼 원활하게 충전될 때 자기장도 발생시킨다.

실내에 있는 유해전기 수준을 측정해보지 않았지만, 현재 사용되고 있는 소형 형광등(CFL) 전구 숫자를 고려하면 상당히 높은 수준이라고 해도 무리는 없을 것 같다. 이로 인해 실내에 있는 모든 사람들이 과다한 중간 주파수 수준의 EMF 방사선에 노출되고 있는 것이다.

좀 어리벙벙해 지셨나요? 그렇다면 잠시 밖으로 나가 바람을 쐬도록 합시다.

스타벅스 바로 바깥에는 자기장과 전기장을 방출하는 고압선이 지나고 있다. 물론 고압선 바로 아래는 매우 강력한 전자기장이 나타날

것이고 최소 80~100미터까지 방사될 것이다.[18]

나는 가장 가까운 셀 타워나 중계기 안테나들이 어디 있는지 힘들게 알아냈다. 내가 살고 있는 곳은 꽤 큰 대도시이기 때문에 조금만 더 주의를 기울이면 더 많이 찾아낼 수 있을 것이다. 셀 타워와 안테나들은 서로 복잡하게 엉키면서 여러 방향으로 무선주파수 방사선을 뿜어내고 있다.

앞에서 설명한 것처럼 우리 모두 보이지 않는 거대한 EMF 수프 속에서 뜨거운 목욕을 하고 있는 것이다. 내가 이것 자체가 아직 나쁘다거나 좋은 것이라고 말하지 않았음을 유의해 주길 바란다. 지금은 거기까지 언급할 단계가 아니다. 이 단계에서 내가 말하고자 하는 것은 EMF가 보이지도 않고, 맛이나 냄새도 없지만 우리 주변 사방에 존재하고 있다는 것을 알려 주고자 하는 것이다.

EMF 수프는 지금 엄청난 속도로 증가하고 있다

오늘날 전 세계는 점점 하나로 연결되어 가고 있다. 인도는 세계에서 두 번째로 인구가 많은 나라다. "인도 정부 발표 자료에 따르면 인도 국민들은 현대식 화장실(46.9%) 보다 휴대폰(53.2%) 사용자가 더 많다." 이러한 사실은 마틴 블랭크(Martin Blank)가 저술한 "Overpowered"[19]에 나와 있다.

---

18 emf.info
19 Blank, M., PhD. (2015). Overpowered: The Dangers of Electromagnetic Radiation (EMF) and What You Can Do about It. Seven Stories Press.

2013년에서 2020년까지 다음과 같은 추세가 예상된다.

- 전 세계적으로 태블릿 사용자 수가 121% 증가할 것이다.[20]
- 휴대폰 사용자 수는 82% 증가할 것이다.[21]

우리가 무선기기를 무척 선호하고 있다는 사실은 의심의 여지가 없다. EMF 전문가 다니엘 드바운(Daniel DeBaun)이 저술한 "방사선 국가(Radiation Nation)"[22]에 따르면 미국 사람들은 2016년 한 해 동안 전자기기를 사용하는데 하루 평균 9시간 이상 소비했다고 한다. 대부분의 사람들이 매일 밤 7~9시간을 수면에 소비한다고 보면 깨어있는 시간의 3분의 2는 무선기기에 연결되어 있다는 것을 의미한다. 내가 생각해도 이것은 거의 맞는 것 같다.

앞으로 의심할 여지도 없이 더 많은 사람들이 EMF가 넘쳐나는 파티에 동참할 것으로 보인다. 2020년경에는 지금까지 한 번도 인터넷 접속을 해보지 못했던 30억에서 50억에 이르는 사람들이 여기에 추가될 것이다.[23]

---

20 statista.com

21 statista.com

22 DeBaun, D. and DeBaun, R. (2017). Radiation Nation: The Fallout of Modern Technology — Your Complete Guide to EMF Protection & Safety: The Proven Health Risks of Electromagnetic Radiation (EMF) & What to Do Protect Yourself & Family. Icaro Publishing.

23 huffingtonpost.com

이러한 신규 접속자의 증가로 인해 무선통신체계에 더 많은 휴대폰 중계기와 안테나가 설치되어야 할 뿐만 아니라 더 많은 와이파이 라우터가 필요하게 될 것이다. 안테나 데이터베이스[24]에 따르면 미국만 하더라도 벌써 190만 개의 안테나 또는 셀 타워가 설치되어 있는 것으로 확인됐다. 향후 10년 안에 이 숫자는 거의 폭발적으로 증가할 것으로 예상된다.[25]

그러나 곳곳에 타워를 설치하는 것은 비용이 많이 들고 작업도 힘들기 때문에 페이스북, 삼성, 구글 등 8개 거대 기업들이 지구 전체에 무선주파수 신호를 보낼 수 있는 혁신적인 방안을 개발하고 있다.[26] 여기에는 전 세계 모든 사람들이 무료로 인터넷에 접속할 수 있게 하는 인류를 사랑하는 정신도 개발 목적으로 포함하고 있다.

그런데 왜 사람들만 인터넷으로 연결시켜야 하나? 사람뿐만 아니라 새로운 스마트 전자기기들도 인터넷으로 연결할 필요가 있다! 사물인터넷(IoT: Internet of Things) 개발 전문가들은 2020년대까지 약 500억 개의 각종 기기들과 사람 또는 센서가 서로 연결될 것이라고 예측하고 있다.[27]

여기서 말하는 스마트 전자기기는 블루투스, 조광 스위치, 가전제품

---

24 antennasearch.com
25 rcrwireless.com
26 stopglobalwifi.org
27 diamandis.com

을 비롯하여, 무선 교통신호등, 조명등, 자동차(GPS, 위성 라디오 등), 첨단 광고 포스터(FM 자체 방송이 가능한)[28] 등을 포함하고 있다. 사물 인터넷의 일례로, 나무에 무선 센서를 설치하여 어느 나무에 물을 주어야 하는지도 관찰할 수 있게 된다는 것이다.[29] 이는 당연히 가능한 일이다.

두려운 질문

여기서 나는 다음 두 가지를 자신 있게 말할 수 있다.

1. 오늘날 우리는 엄청난 양의 인공 EMF 방사선에 노출되어 있다. 일부 전문가들은 지금의 수준은 1960년대보다 거의 100억 배나 높다고 한다.[30]

2. 만약 우리가 타당한 근거를 마련하여 규제하지 않으면, 앞으로 몇 십 년 내에 지금의 EMF 방사선 수준은 수천 또는 수백만 배나 증가하게 될 것이다.

우리 모두가 노출되고 있는 EMF 양은 지금 너무 거대하고 엄청나게 빠른 속도로 증가하고 있다. 이러한 때에 과거에는 보고 듣지도 못한 전자파를 방출하는 휴대폰과 기타 기기들을 생산하는 기업들이 국가의 엄격한 안전기준을 따르고, EMF는 인체에 무해하다는 사실이 과

---

28 washington.edu
29 agrisupportonline.com
30 Olga Sheean, olgasheean.com, page 5.

학적으로 분명히 입증되었다는 소식을 접하게 된다면 우리는 크게 안심하게 될 것이다.

왜냐하면 과학은 이러한 현상들이 안전하다고 하니까.... 정말 그럴까?... 정말 그런 거야?

제2장

과학

혼돈의 과학자들
좋은 EMF 과학과 나쁜 EMF 과학
내가 체리 피킹을 했나?

과학의 실체

나는 오래전 두 동생들과 함께 부모님 장롱에 숨겨진 크리스마스 선물을 찾아낸 적이 있었다.

나는 그 때 산타 할아버지가 정말 존재한다고 계속 믿으며 살 것인가 아니면 존재를 부정하며 살 것인가를 고민하며 딜레마에 빠졌다. 산타 할아버지는 존재하지 않는 것이 사실이지만, 사람들이 선물을 주고받으면서 서로 사랑하고 순수한 기쁨을 느끼게 하는 크리스마스의 진정한 의미를 알게 하는 것이 현실이었다. 나는 사실과 현실 사이에서 갈등하게 되었다.

이 갈등이 이제 곧 일어나게 될 것이다. 왜냐하면 나는 실제로는 존재하지 않는 과학이라는 놈에 관해 지금부터 이야기하려고 하기 때문이다.

비록 내 자신도 본의 아니게 가끔 이런 실수를 하기는 하지만, "과학에서 말하는 바..."라든지 "과학적으로 증명된"이라고 하는 표현들은 사실 아무런 의미가 없는 것들이다.

과학은 사물도 아니고 사람도 아니다. 만약 과학이 실제로 존재하는 사람이라면 분명 불안정하고 예측을 불허하며, 위험하면서도 날이면 날마다 마음을 바꿔 버리는, 아마도 내가 만난 사람들 중에 가장 심한 조울증 환자였을 것이다.

이해가 되나요? 하루는 휴대폰이 확실히 뇌종양을 일으킨다는 연구 보고서가 나왔다. 그 다음 날에는 빌어먹을 토마토 또한 뇌종양을 일으키는 것 같다고 한다. 추측하건데 이 말은 결국 우리가 오늘 저녁 식사로 토마토 없는 마른 스파게티를 먹으라는 것이나 다름없다.

그러자 그 다음 주, FOX 뉴스, CNN, 그리고 1,000여개에 달하는 언론 매체에서 "휴대폰의 사용과 뇌종양 발생과는 상호 연관성이 없다."[31] 라는 뉴스를 각각 다른 연구 논문과 다른 전문가들의 말을 인용하며 전 세계를 향하여 발표하기 시작했다. 그럼 누가 옳다는 것인가?

과학이 흑백을 분명히 가를 수 있다는 말은 더 이상 믿지 말아야 한다. 과학은 그렇게 할 수 없다. 과학도 우리처럼 아주 불완전한 혼돈 덩어리인 것이다. 물론 대부분의 경우 과학이 옳았다고 하더라도, 과학은 실수도 수없이 많이 하고 엉뚱한 짓을 하느라 많은 시간도 낭비하며, 나중에 후회할 일도 하고 자체 내 모순과 갈등에 자주 부딪혀 왔다.

좋은 EMF 과학과 나쁜 EMF 과학

만약 지금의 EMF 안전기준이 만들어진 역사적인 배경이 궁금하고, 연구자와 정책입안자 그리고 과학자들이 얼마나 완전하지 못하고 자주 편견을 갖는지, 또 과학이라는 것이 별로 대단한 것이 아니라는 사

---

31 nhs.uk

실에 관해 좀 더 자세히 알고 싶다면, 앤드류 마리노(Andrew Marino)가 저술한 "어디로 가는 중인가(Going Somewhere)"를 읽어보는 것이 좋다. 읽어보면 새로운 안목은 갖게 될 것이지만, 현실에는 크게 실망하게 될 것이다.

지금 쓰고 이 책은 정치적인 의도가 없다. 하지만 나는 이 책 전반에 걸쳐 과학은 무엇이고 또 무엇은 아닌지를 기술하여 독자들에게 보여줄 것이다. 그리고 최신 EMF 과학과 인체건강 보호를 위한 안전기준(어린이와 전 지구적 범위를 고려한) 사이에 격차가 있다는 사실에 관해 독자들이 마음을 여는데 필수적인 내용을 설명할 것이다.

이 장의 내용을 다 뛰어넘고 싶다면 그렇게 해도 좋다. 하지만 여기 나오는 내용을 싫어한다는 이 메일을 먼저 hello@nontinfoilemf.com로 보내지 말기 바란다. 메일 보내기 전에 이해를 해 보던가 그냥 넘어 가도록 하라.

1) 연구는 정말 독립적으로 이루어지는 것일까?

EMF의 건강 영향에 관한 연구를 검토할 때, 우리는 누가 연구비를 지원했는지 살펴봐야 한다.

마틴 블랭크(Martin Blank) 박사가 저서 "Overpowered"에서 지적하고 있듯이 "라이(Lai)는 1990년부터 전 세계에서 출간된 무선주파수 방사선이 인체건강에 미치는 영향에 관한 연구 논문들을 추적해 왔다."그가 추적한 수백 편의 연구 논문 중에서 약 30%는 무선통신 산업체로부터 연구비를 받았기 때문에 연구 결과가 독립적이지 못했다. 나머지 70%는 그보다는 좀 더 독립적이라 추측할 수 있는 기관들로부터 연구비를 지원 받은 것들이었다.

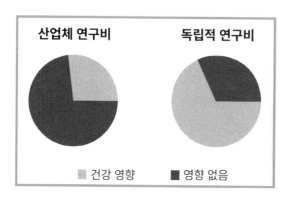

산업체 연구비로 이루어진 연구 결과 중 27% 정도가 무선주파수 노출이 인체에 생물학적 영향을 주는 것을 입증하고 있는 반면, 독립적인 연구비로 이루어진 연구에서는 68% 정도가 무선주파수 노출이 생물학적 영향을 주는 것으로 밝혀졌다. 라이(Lai)는 "오늘날 이루어지고 있는 많은 연구들은 순전히 산업계 홍보를 위한 도구 역할을 하고 있다"라고 기술하고 있다.

그렇다고 이것이 "산업계로부터 지원을 받은 모든 연구들은 틀렸고 독립적으로 이루어진 모든 연구들이 다 옳다"는 것을 의미하지는 않는다. 하지만 라이가 한 이 조사 연구는 중요한 사실을 알려주고 있다.

이 조사 연구에서 밝혀낸 또 하나의 흥미로운 것은 원래 통신업계에 고용되어 EMF가 인체에 해를 주지 않는다는 것을 증명하기 위한 일

했던 연구원들이 그와 반대되는 연구 결과를 내놓자마자 즉시 해고되었다(달리 말하면… 하룻밤 사이에 연구 지원금이 사라졌다)는 사실이다.

앨런 프레이(Allan Frey)

1960년대 코넬대학교의 제너럴 일렉트릭사 첨단 전자제품 연구센터[32]에서 일하던 생물학자 앨런 프레이는 휴대폰에서 방출되는 방사선은 뇌혈관 보호막(BBB: Blood Brain Barrier)의 균열을 일으킬 수 있다는 것을 증명했다(뇌혈관 보호막 균열에 관해서는 나중에 언급하도록 하겠다).

방사선 국가(Radiation Nation)[33]라는 책에서 그는 다음과 같이 설명하고 있다. "나의 연구 결과가 발표되고 다른 연구자들이 내 연구의 일부를 지지하게 되자, 이 주제에 관한 모든 연구들은 미국 전역에 걸쳐 완전히 중단되었다. 오늘날에는 이처럼 연구 결과와 무관하게 연구비 지원을 받을 수가 없다."

조지 카를로(George Carlo)

조지 카를로 박사는 1993년부터 1999년까지 휴대폰 산업계로부터 지원받는 2,850만 달러 상당의 연구비 관리 프로그램을 담당하고 있었

---

32 cellphonetaskforce.org
33 DeBaun, D. and DeBaun, R. (2017). Radiation Nation: The Fallout of Modern Technology — Your Complete Guide to EMF Protection & Safety: The Proven Health Risks of Electromagnetic Radiation (EMF) & What to Do Protect Yourself & Family. Icaro Publishing.

다.[34] 그러나 1999년에 이르러 그를 처음 고용했던 산업계로부터 공격을 받고 신뢰를 잃기 시작했다. 당시 그에 관해서 논란이 많았으며 비판자 중 일부는 그가 심각한 사기 행위를 했다는 주장을 했다.[35] 당시 조지 카를로는 전 세계를 향하여 휴대폰의 위험성에 대해 경고하려고 노력했던 것이다.

옴 간디(Om P. Gandhi)

간디는 모든 휴대폰이 시장에 출시되기 전에 반드시 거쳐야 하는 "전자파 인체 흡수율(SAR)" 테스트를 개발하기 위해 산업체와 함께 일하는 연구원이다.

그가 어린이의 실제 머리는 실험실에서 사용하는 것보다 작기 때문에 SAR 테스트를 통과한 휴대폰이라 할지라도 어린이에게는 위험하다는 사실을 주장하기 시작하자, "어린이에 관한 연구를 중단하지 않으면 연구비를 지원하지 않겠다."는 통보를 받았다.

이러한 통보가 심각한 월급 삭감, 조기 해고, 그리고 명예롭지 못한 경력을 의미했지만, 그는 다행스럽게도 추한 선택을 하는 대신 인류를 위해 좋은 가치를 추구했다.

---

34 emf-health.com
35 microwavenews.com

2) 연구란 과연 무엇을 의미하는가?

주류 언론들이란 원래 별 의미는 없지만 독자들의 시선을 끄는 제목을 달아 시청률과 판매 부수를 올릴 수 있는 연구 사례들을 보도하기로 유명하다.

2016년, 호주에서 과거 30여 년 동안 발생한 34,000여 명의 뇌종양 환자를 조사한 연구 결과[36]로 휴대폰 사용과 뇌종양 발생 사이의 명확한 상관관계를 규명하려 했을 때, 언론들은 열광했다.

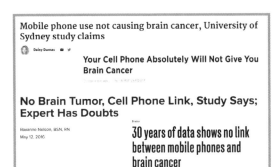

하지만 이 연구에 관한 언론 보도에는 문제가 많았다. 보고서 결론 부분에서 저자가 밝히고 있듯이 "연구자들이 제시한 휴대폰 사용 데이터라는 것이 휴대폰 계약 기간에 관한 것이었다. 연구자들은 사용자들이 각각 다른 강도의 방사선을 방출하는 휴대폰을 가지고 얼마나 자주 자신들의 머리에 대고 사용했는지에 관한 데이터를 가지고 있던 것이 아니었다. 이 연구를 이야기할 때는 언론에서 인용하는 휴대폰 사용이라는 표현보다는 휴대폰 소유권이라는 용어를 사용하는 것

---

36 nhs.uk

이 아마 더 현명할 것이다. "

달리 말하면 이 연구는 휴대폰의 사용과 뇌종양과의 연관성이 없다는 것이 아니라 휴대폰 소유는 뇌종양으로 인한 사망과 관련이 없다는 사실을 밝혀낸 것이다.

내 생각엔, 보고서에도 나와 있는 것처럼 연구자들은 34,000여 명의 뇌종양 환자 중 어느 누구도 과거 휴대폰 방사선에 노출된 적이 있었는지 전혀 모르고 있었다는 사실로 미루어볼 때, 이 연구는 쓰레기 더미에 던져져야 할 "쓸데없는 연구"로 해야 마땅하다.

나는 개인적으로 지난 36년이라는 긴 세월 동안 단 30일에 해당하는 기간만 휴대폰으로 통화했을 경우 사람이 쪼이게 되는 방사선 양에 쥐(Rat)가 노출됐을 때 암 발생이 심각하게 증가한다는 것을 밝혀낸 미국 국가독성프로그램(NTP)의 최근 연구[37]에 더욱 높은 신뢰감을 주고 싶다. 이 연구가 훨씬 더 실질적인 접근이 이루어졌다고 생각된다.

3) 체리 피킹? 아니면 블랙 스완?

앞서 말했던 것처럼 휴대폰과 암 발생과의 연관성을 찾는 개별 연구들로부터 어떤 이들은 아무런 관련이 없다는 연구 결과를 접할 수도 있다.

---

37   microwavesnews.com

산업계와 정부는 EMF가 안전하다는 것을 선호하기 때문에 부정적인 부작용을 가져오지 않는다는 연구 결과가 나올 때마다 반대 운동가들에게 이를 적극 홍보한다.

지금의 EMF 노출 정도가 분명 안전하지 않다고 주장하는 반대 운동가들이 있다. 나도 그중 한명이다. 우리는 EMF가 건강에 부정적인 영향을 준다는 연구 결과를 접할 때마다, "그것 봐라, 내 말이 맞지"라고 환호하면서 서로 손바닥을 마주치며 기뻐한다.

"확증 편향" 또는 체리 피킹 증거라 불리는 두 가지 고전적인 사례가 있다. 사람들은 이미 어떠한 것이 사실이거나 또는 사실이 아니라는 확신을 하고 있을 때, 자신이 얼마나 옳고 스마트한지 스스로 확신시켜줄 수 있는 추가 증거와 연구 결과를 항상 찾게 된다.

이러한 실수를 피하고 사이비 과학으로부터 진정한 과학을 분별해 낼수 있도록, 유명한 과학철학자 칼 포퍼(Karl Popper)는 진정한 과학은 "반증 가능성"[38]의 원칙에 기초해야 할 것을 제안했다. 여기서 반증 가능성이란 당신의 이론이 틀렸음을 보여줄 수 있는 증거를 언제라도 찾아내는 것을 의미한다.[39]

한 가지 예를 들어, "모든 백조는 하얗다"라는 가설을 믿는다고 가정

---

38 en.wikipedia.org
39 마그다 하바스의 동영상에 관하여 다음 링크를 참고하라. youtube.com/watch?v=QyzZX-bCiqs

해 보자.

이 가설을 증명하기 위해 대부분의 사람들은 하얀 백조의 수를 세기 시작하려고 할 것이다. 그러나 마그다 하바스(Magda Havas) 박사는 "어떠한 하얀 백조의 숫자도 모든 백조는 하얗다는 것을 증명할 수는 없습니다. 단 한 마리의 검은 백조(Black Swan)를 찾아냄으로 그 가설은 틀렸음이 입증되기 때문입니다."라고 설명한다.

반증을 이용하는 것이 더 좋은 방법이기 때문에 검은 백조를 찾는 것이다. 만약 검은 백조를 찾는 것이 정말 어렵고 단 한 마리의 검은 백조도 찾을 수 없다면, 비록 아직 확실히 증명이 되지는 않았지만 당신의 이론(모든 백조는 하얗다.)이 옳다는 확신이 합리적이라는 생각이 들 것이다.

이제 EMF를 연구하는데 이 방법을 적용시켜보자. 하바스 박사는 다음과 같이 말한다. "그러면 EMF가 안전하다는 사실을 어떻게 검증할 수 있나? EMF가 인체에 아무런 부정적 영향을 입히지 않는다는 연구보고서 숫자를 헤아려서 검증할 수는 없다. 이것은 하얀 백조의 수를 헤아리는 것과 같고 체리 피킹(Cherry Picking)의 예에 불과하다. 대신 인체에 유해하다는 연구들을 찾아서 검토하고 기록으로 남기는 반증 가능성의 원칙에 따르는 것이다."

나는 이 책에서도 이 원칙에 따르려고 한다. 왜냐하면 EMF가 안전기준 훨씬 아래에서도 유해하다는 보여주는 단 한 건의 연구만 있어도 "전자파는 100% 안전하다."고 밀어붙이는 당국의 주장(이론)을 산산

조각 내 버릴 수 있기 때문이다.

4) 누가 책임질 수 있나?

우리 사회 전반은 자신의 행동에 대해 책임지는 것을 바탕으로 하고 있다. 만약 내가 물건을 훔치면 경찰은 나를 교도소로 보내거나 벌금을 부과한다. 그래서 우리의 행동이나 판단으로 인해 발생 가능한 결과가 있을 때, 그것이 바보 같거나 유해한 것이 아닌지 한 번 더 생각하게 된다.

이러한 논리에 따르면, 연방통신위원회(FCC)와 같은 규제 당국과 통신산업계는 지금 우리 모두가 노출되고 있는 EMF 방사선량이 인체에 아무런 영향을 미치지 않는다는 것(이것은 완전히 거짓이다. 거짓이 아니라면 내가 이것에 관한 책을 쓸 이유가 없다.)을 너무 확신하고 있기 때문에, 만약 그들의 주장이 잘못되었다는 것이 밝혀지면 지구상 그 누구에게든지 발생한 피해에 대해서도 책임을 져야 한다. 내 말 맞죠?

자 그렇다면, 이번에는 입이 떡 벌어질 깜짝 놀랄 이야기를 보자. 미국 통신 회사들은 1996년부터 "통신법(TCA: Telecommunications Act)"의 보호 받는다.[40] 이 법의 제정을 위해 통신 회사들은 5천만 달러를 로비 활동에 쏟아 부었다.

---

40 "Overpowered"에서 마틴 블랭크 박사(Dr. Martin Blank)가 보고한 것과 관하여 다음 링크를 참고하라.https://www.gq.com/story/warning-cell-phone-radiation

이 법안은 두 가지 깜짝 놀랄 만한 하이라이트가 있다.[41]

- 휴대폰 안테나 또는 타워로 인하여 인체 건강에 부정적인 영향을 미치는 어떠한 경우도 통신 회사는 책임을 지지 않는다. 달리 말하면 통신 회사들은 인체에 부정적인 영향을 입히는 것에 관해 면책 특권이 있으며, 통신 회사가 원하는 곳에 새로운 안테나를 설치하는 것을 어떤 누구도 막을 수 없다는 것이다.
- 통신 회사들이 연방통신위원회 규정을 계속 준수하고 있는 한 어느 누구도 건강 문제를 이유로 어떤 종류의 무선 서비스를 중단하라고 할 수 없다.

하지만 만약 그렇다면?

나는 건강 문제로 제소된 산업계 전체를 정부가 나서서 막아주려고 한다는 것은 상식에 맞지 않는 일이라고 생각한다. 이는 정부가 산업체 제품의 안전성에 대해 면책 특권을 부여하는 것이다.

나는 안전기준이 진정한 과학에 바탕을 두고 정말로 안전하다면 이러한 면책에 대해 논쟁하는 것 자체가 어쩌면 무의미하다고 생각한다.

나의 의도는 만약 EMF 안전기준이 충분하지 못하다면 어떤 일이 벌어질지 상상해 보자는 것이다. 만약 안전기준이 잘못된 추측이나 단순히 시대에 뒤떨어진 것을 근거로 하고 있다면 누가 우리를 지켜주고 EMF 수프 속에 빠져있어도 안전하다고 확신할 것인가?

---

41 repository.law.umich.edu

제3장

안전기준

휴대폰은 어떻게 안전 검사를 하나?
안전할 수 있는 7가지 방법
비전이성 방사선과 전이성 방사선

지금의 안전기준

1996년 8월 1일, 연방통신위원회(FCC)는 "무선주파수 방사선의 환경영향평가 지침"이라는 FCC 96-326 고시를 발표했다.[42] 현재 사용되고 있는 안전기준이 마지막으로 개정된 것은 이 때다.[43]

"1996년을 기억하나요?" 나는 기억한다. 지금부터 약 20여 년 전, 형광색 반바지를 입고 새로운 노키아 9000 무선전화기로 통화를 하면 처음 몇 분간은 아주 멋져 보였다. 500그램에 달하는 이 전화기를 귀에 대고 있다가 지치기 전까지는 괜찮았다.[44]

당시 연방통신위원회는 주로 미국 전기전자공학회 기준위원회(IEEE-SA: Institute of Electrical and Electronics Engineers Standards Association), 국제 비전이성 방사선방지위원회(ICNIRP: International Commission on Non-Ionizing Radiation Protection), 미국 국가표준협회(ANSI: American National Standards Institute)의 권고 사항에 근거하여 아래 표와 같은 상한

---

42 transition.fcc.gov
43 Environmental Health Trust는 이 안전기준들은 실제로는 1991에 이루어진 것이라고 지적하고 있다. 다음 사이트 참고. ehtrust.org/policy/fcc-safety-standards/
44 medium.com

선이 인체 건강에 안전하다고 판단했다.

미국 연방통신위원회 1996년 EMF 안전기준

무선주파수	자기장	전기장	유해전기
1000 uW/cm² 또는 61.4V/m (휴대폰/와이파이 노출 30분 평균)	833 mG (milligauss)[45]	614V/m[46]	정해진 기준 없음

이러한 안전기준이 설정되었을 무렵에는 미국인 16%만 휴대폰을 가지고 있었다.[47] 이것은 2017년 휴대폰 보급률 82%와 비교하면[48] 아무 것도 아니었다. 그리고 그때는 "와이파이(wifi)"나 "핫스팟(Hotspot)"이라는 말은 나오지도 않았다.[49] 같은 해에 구글이 창립되었지만 당시에는 아무것도 아니었다. 그리고 아무도 태블릿 PC, 중계기 안테나, 또는 스마트미터에 노출되지 않았다.

오늘날 우리가 살아가는 EMF 수프와는 완전히 다른 시대에 만들어진

45 FCC는 전선에서 나오는 50-60Hz 자기장에 대해 안전기준이 없다. 내가 찾을 수 있었던 가장 가까운 것은 비전이방사선보호위원회(ICNIRP)의 833milliGauss(2010년 이전)이었다. 이후 기준은 2,000milliGauss로 증가되었다. 다음 자료 참고. pse.com/safety/ElectricSafety/Pages/Electromagnetic-Fields.aspx
46 FCC는 전선에서 나오는 50-60Hz 자기장에 대해 안전기준이 없다. FCC의 안전기준 614V/m은 0.3-1.34MHz 범위에 적용된다.
47 data.worldbank.org
48 statista.com
49 getvoip.com

안전기준에 대해 내가 우려를 표하는 것은 당연하다고 할 수 있다.

이는 단지 나만의 의견은 아니다. 수백 개에 달하는 관련 민간단체들과 회계감사원(GAO: Government Accountability Office)[50], 내무성(DOI)[51], 연방환경보호청(EPA)[52] 등과 같은 미국 정부기관들도 이러한 기준들이 타당하지 않다고 주장해오고 있다.

뿐만 아니라 전 세계 수십여 개 나라에서는 미국보다 더욱 엄격한 안전기준을 따르고 있다. 예를 들어, 중국이나 러시아 같은 나라에서는 지금의 연방통신위원회 안전기준보다 100배나 낮은 수준($10uW/cm^2$ 또는 0.614V/m)의 무선주파수 방사선에 30여 분가량 노출되는 것도 위험하다고 간주하고 있다.[53]

하지만 문제는 더욱 심각해지고 있다. 휴대폰 제조업체들은 이미 수준 이하로 평가되고 느슨해진 안전기준도 준수할 수 없는 것으로 밝혀지고 있다. 이러한 상황들이 어떤 결론에 이르게 될지 지켜볼 일이다.

아주 작은 글씨도 읽어 보나요? 나는 안 읽어요

만약 "애플, 삼성, 구글이 스마트 폰을 머리나 몸의 어느 부분과도 절대 가까이 두지 말라"는 사용 안내서를 아무도 읽어보지 않는 어느

---

50 gao.gov
51 nebula.wsimg.com
52 nebula.wsimg.com
53 who.int

61))

한쪽 구석에 아주 작은 글씨로 사용자들에게 주의를 주고 있다면 무슨 의미가 있나?[54]

달리 말하면, 만약 당신이 휴대폰에서 나오는 무선주파수 방사선에 노출되는 양(SAR)을 안전기준 이하로 유지하고 싶다면, 절대로 휴대폰을 귀에 대거나, 팔에 감싸거나, 손에 쥐거나, 주머니나 브래지어 안에 넣어서는 안 된다.

핸드폰에는 이렇게 작은 글씨로 머리나 몸으로부터 적어도 5mm 이상 항상 떨어지게 해야 한다고 경고하고 있다.

이렇게 현명한 조언을 무시하고 휴대폰을 귀 가까이 대고 있다면 어떤 일이 일어날까? CBC 뉴스의 마켓플레이스에서 방영된 "대단한 노출"을 제작한 취재 기자가 밝힌 것처럼, 휴대폰 SAR 등급보다 최대 4배나 높은 방사선 수치에 노출된 것이다.[55]

별로 놀라운 일이 아니다. 무선주파수 방사선 노출은 발생원(이 경우

---

54 이 경고문은 휴대폰에 따라 다르며, 이 책을 읽을 무렵에서는 사라졌거나 수정되었을 수도 있다. 다른 휴대폰이나 무선기기에 대한 예를 보려면 다음 사이트에 가보라. ehtrust.org/key-issues/cell-phoneswireless/fine-print-warnings/
55 전체를 보려면 다음 사이트에 가보라. youtube.com/watch?v=Wm69ik_Qdb8&app=desktop

는 휴대폰에 부착된 안테나)에 가까워질수록 기하급수적으로 증가하기 때문이다. 세계적인 수준의 EMF 엔지니어인 다니엘 드바운(Daniel DeBaun)에 의하면 휴대폰에 1밀리미터(mm)씩 가까워질 때마다 EMF 노출은 10%씩 증가한다고 한다.[56]

제 정신인 사람이라면 "그렇다면 어떻게 노출을 피할 수 있겠는가?"라는 질문을 하게 될 것이다. 모든 휴대폰은 판매하기 전에 안전 검사를 철저히 해야 하는 것이 아닌가?

이 질문에 대한 답은 바로 하지 않겠다. 그것은 너무 쉽고, 또 내가 답을 하더라도 아마 나를 믿으려 하지 않을 것이다. 대신 스마트폰이 시장에 출시되기 전에 정확히 어떻게 검사하는지 보여주겠다. 그러면 당신은 누가 당신을 지켜주는지에 관해 얼마나 확신을 갖고 있는지 나에게 답해주길 바란다.

먼저 특수 인공 마네킹(SAM)을 보자

미국 캘리포니아주, 샌 마르코스(San Marcos)에 있는 무선주파수 방사선 노출 연구소(RF Exposure Lab)는 휴대폰이 연방통신위원회의 기준을 따르고 있는지를 확인하는 많은 연구소 중 하나다.[57]

---

56 2017년 3월 4일 다니엘 드바운이 토니 라이튼(Tony Wrighton)과 Zestology podcast에서 인터뷰한 내용, 다음 자료 참고. tonywrighton.com/never-carry-your-phone-in-your-pocket-with-daniel-debaun/

57 rfexposurelab.com

SAM(Specific Anthropomorphic Mannequin) 이라 불리는 마네킹의 머리는 오늘 우리가 검사할 대상이다.

우리가 사용하는 휴대폰에서 최대로 방출될 수 있는 EMF 방사선을 SAM의 머리에 노출시킨 후에 SAM의 머리가 얼마나 가열됐는지 측정해서 SAR(전자파 인체 흡수율) 등급을 알아보려고 한다. SAR 에 관해서는 지금 설명하겠다.

SAM에 관한 몇 가지 재미있는 사실들

- SAM은 덩치가 큰 청년이다. SAM의 머리 크기는 처음 제작된 1989년을 기준으로 당시 미국 군인 신병들 중 상위 10%를 기준으로 만들어졌다.[58] SAM의 몸체가 있었다면 188cm 신장에 몸무게는 100킬로그램(kg) 정도다. 이는 SAM의 머리가 모든 휴대폰 사용자들의 97%에 해당하는 자들의 머리보다 크다는 것을 의미한다.[59]

- SAM은 정확히 15도 기울어진 각도로 귀에서 최소한 5밀리미터

58 electromagnetichealth.org
59 DeBaun, D. and DeBaun, R. (2017). Radiation Nation: The Fallout of Modern Technology — Your Complete Guide to EMF Protection & Safety: The Proven Health Risks of Electromagnetic Radiation (EMF) & What to Do Protect Yourself & Family. Icaro Publishing.

(mm) 떨어뜨려 휴대폰을 들고 있는 것을 좋아한다. SAM은 그다지 말이 많은 편이 아니라서 휴대폰으로는 하루 6분 이하의 통화를 한다.

- SAM의 머리는 물로 채워져 있는데, 그 물은 사람의 뇌에 흡수되는 평균 EMF와 동일하게 하려고 소금과 설탕을 섞어 만들었다.

- SAM은 단순한 것을 좋아하기 때문에 휴대폰 케이스는 절대로 사용하지 않는다.

이제 실험을 시작해보자. SAM의 머리는 우리가 사용하는 휴대폰이 최대로 방출할 수 있는 무선주파수 방사선 양과 동일한 수준에 6분간 노출될 것이다.

그리고 탐침(Probe)을 이용하여 액체로 채워진 SAM의 뇌 중앙부의 온도가 얼마나 상승했는지 측정할 것이다.

만일 측정된 온도의 증가가 $1°C$ 이하면 모두 정상이고 SAR은 연방통신위원회 규정에 맞는 것이다. 이 SAR 등급은 인체 조직 1g에 흡수되는 평균 방사선의 양을 측정한 것이다. SAR는 W/kg(몸무게 kg당 와트)로 계산한 것이다.

그렇다면 왜 $1°C$로 정한 것일까? 이는 SAR 등급을 처음으로 개발한 유타대학교의 옴 간디(Om P. Gandhi) 교수가 뇌의 온도가 $1°C$ 이상 상승한 쥐들이 갑자기 먹는 것을 중단하는 행동을 관찰한 것에 근거한다. 이 실험이 EMF의 인체 영향 유무 또는 정도에 실제로 얼마나 관련되는 것인지 솔직히 나도 말할 수 없다.

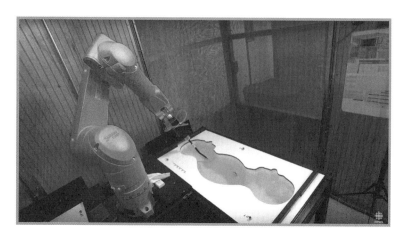

7가지 SAR 가이드라인에 쉽게 부합할 수 있는 방법

검사는 다 끝났고 다행히 모든 휴대폰들의 SAR 측정 수치는 1.6W/kg 미만으로서 모두 안전기준 이내에 들었다. 휴, 오늘은 완전히 과학만 하는 날이었다.

마지막으로 SAR 안전 가이드라인에 항상 확실하게 부합할 수 있는 방법에 관해 설명하겠다.

1) 신장 188cm, 체중 100kg 정도의 군인이어야 한다

경고: 만일 그보다 머리나 신장이 작은 남성일 경우, 혹은 여성이거나 아동 또는 청소년인 경우 안전기준을 초과하게 된다.

예를 들어, 어린이의 신체는 성인보다 훨씬 많은 수분을 함유하고 있기 때문에 같은 양의 방사선이 노출되었을 때 어린이의 머리는 성인에 비해 2배나 더 많은 방사선을 흡수하게 된다. 같은 이유로 어린이의 척추 골수는 10배나 더 많이 흡수하게 된다.[60]

2) 휴대폰은 항상 머리로부터 최소 5mm 이상 거리를 두고 사용해야 한다

경고: 어떤 휴대폰은 더 먼 거리에서 SAR 테스트를 했을 수도 있기 때문에 항상 휴대폰에 기록된 작은 글씨를 똑똑히 보고 올바른 사용 거리를 확인해야 한다. 또한 SAM이 사용하는 것처럼 아주 정확하게 15도 각도로 휴대폰을 사용해야 한다.

휴대폰 모델	SAR 안전거리
Apple iPhone 7	5mm (1/5")[61]
Samsung Galaxy S8	15mm (3/5")[62]
Sony M5	15mm (3/5")[63]
LG G6	10mm (2/5")[64]

---

60 ehtrust.org
61 rfsafe.com
62 rfsafe.com
63 support-downloads.sonymobile.com
64 미국에서는 10mm, 그 밖에서는 5mm. 다음 자료 참고. lg.com/global/support/sar/sar

3) 하루 최대 6분간만 휴대폰을 사용해야 한다

경고: 만약 휴대폰을 EMF 최대 방출 상태로 6분 이상 사용하면 SAR 안전기준을 초과할 수 있다.

4) 휴대폰은 절대 바지 주머니에 보관하지 말아야 한다

경고: 휴대폰을 바지 주머니에 넣거나, 팔에 묶는다거나, 손으로 잡거나 또는 브래지어 안에 넣고 다니게 되면 가이드라인에 허용된 방사선 양보다 초과 노출된다.

또한 타인들이 사용하는 핸드폰, 중계기 안테나, 스마트미터, 모든 블루투스 장치, 와이파이 네트워크, 그리고 아주 적은 양의 무선주파수 방사선을 방출하는 어떤 기기들이 있는 곳에도 절대로 가면 안 된다.

이런 장소에서는 SAR 가이드라인을 지킬 수 없다.

5) 귀가 없어야 한다

경고: SAR 기준은 뇌 속으로 얼마만한 양의 방사선이 들어가는지에 근거하고 있다. 하지만 휴대폰을 사용하는 쪽의 귀와 귓속으로 들어가 뇌로 가는 것은 SAR 측정치에 포함하지 않고 있다.

6) 설탕과 소금물로 된 뇌를 가져야 한다

경고: 만약 설탕과 소금으로 양념된 액체 상태의 뇌 대신에 인간의 두뇌를 가지고 있다면, 자동적으로 SAR 기준을 훨씬 초과할 것이다.

처음 SAR 연구를 했던 간디(Om P. Gandhi)는, 이후 일련의 연속적인 연구를 통하여 다음과 같은 결론을 내렸다. 즉, 균질의 액체로는 복잡한 인간의 뇌를 정확하게 표현할 수 없으며, 골수, 침샘, 눈과 같은 신체 부위들이 EMF 방사선을 흡수할 가능성이 더 높다는 사실을 SAR는 고려하지 않고 있다는 것이다.[65]

어쩌면 그러한 연구 결론 때문에 산업계의 연구비 지원이 중단되고 이전에 받았던 지원금까지도 환불 요청 받았을 수도 있지 않을까?[66] 그럴 수 있는 일이다.

---

65 ieexplore.ieee.org
66 ethics.harvard.edu

7) 휴대폰 케이스를 절대로 사용하지 말아야 한다

경고: 한 환경단체(Environmental Working Group)의 주장에 따르면, 휴대폰 케이스를 사용하면 머리에 흡수되는 방사선의 양이 20~70%까지 증가될 수 있다고 한다.[67]

S.A.R. = "여전히 위험(Still At Risk)"?

정말 영리한 표현이다. 처음 이 표현이 떠올랐을 때 나는 아주 흡족한 미소를 지었다.

현재 미국과 캐나다, 그리고 대부분의 나라에서 사용하는 EMF 안전 기준은 너무 오래된 먼지투성이다. 그래서 지구상의 어느 누구도 그 기준을 따르지 않고 있다. 마지막 몇 페이지에 여기에 관해 나름대로 아주 명확하게 설명해두었다.

지금 이 안전 문제가 전체적으로 더욱 악화될 지경이다. 왜냐하면 휴대폰의 SAR 등급이 인체 유해성에 관해 실제로는 아무것도 말해주지 않기 때문이다. 하지만 나는 이 책에서 이점에 관해 확실히 하겠다.

콜롬비아대학교 생리학 및 세포생물물리학과의 마틴 블랭크(Martin Blank) 박사는 다음과 같이 말한다.

"최근에 나온 실험 연구는 국제비전이성방사선보호위원회(ICNRP)와

---

67 ewg.org

미국 전기전자공학회(IEEE)에서 권장하는 안전기준의 근거들이 근본적으로 결함이 있음을 지적하고 있다. "[68]

블랭크 박사의 이 말은 무엇을 의미할까? 휴대폰 방사선이 뇌나 다른 조직을 얼마나 뜨겁게 하는지 측정하는 실험은 우리에게 방사선의 안전 여부를 말해주지는 않는다는 것이다.

쉬운 말로 하면

무선주파수 안전기준은 초과 열량을 발생시키지 않는 "비전이성" EMF 방사선 양은 인체에 영향을 주지 않는다는 가정에 근거하고 있다.

사람들은 왜 그 말을 믿을까? 이유는 많은 물리학자들과 엔지니어들이 "비전이성" EMF 방사선은 인체 세포에 단순히 물리적으로는 영향을 줄 수 없다고 말하기 때문이다.

무슨 말인지 혼란스러울 것 같으니 과학 시간으로 잠시 돌아가 보자.

어떻게 물리학자나 엔지니어들이 틀릴 수 있을까?

> "엔지니어들이 인간의 안전과 질병에 관해서 절대 말하도록 해서는 안 된다."
>
> - 트레보 마샬(Trevor Marshall) 교수,
> 엔지니어, 연구원 및 미국 전기전자공학회(IEEE) 회원

---

68 Blank, M., PhD. (2015). Overpowered: The Dangers of Electromagnetic Radiation (EMF) and What You Can Do about It. Seven Stories Press.

앞장에 나왔던 EMF 스펙트럼을 기억하길 바란다. 마리 퀴리(Marie Curie)와 그녀의 남편(Pierre Curie), 그리고 앙투안 앙리 베커렐(Antoine Henri Becquerel)은 유해하지만 보이지 않는 방사선을 발견한 공로로 1903년 노벨 물리학상을 공동 수상했다. 이후 과학자들은 EMF 방사선 스펙트럼을 두 개의 확실한 영역으로 구분했다.

MRI	전선	AM/FM TV 무선통신 위성통신 적외선 램프		햇빛	선텐	의료용	원자력
정지장	극저주파	무선주파(RF)와 마이크로파	적외선	가시광선	자외선	엑스선	감마선
비전이성 방사선*			광학 방사선			전이성 방사선**	

*비전이성 방사선 : 원자나 분자를 이온화하기에 충분한 에너지(광자 에너지)를 운반하지 않는 모든 유형의 전자파 방사선을 말한다. 이 방사선은 단지 전자를 활성화시켜, 더 높은 상태의 에너지로 전자를 이동시키는데 충분한 에너지를 가지고 있다.[69]

**전이성 방사선 : "원자 또는 분자로부터 전자를 자유롭게 할 수 있는 충분한 에너지를 전달하여 그것들을 이온화 시키는" 방사선[70] – 화학적 결합이 파괴될 수 있는 방사선. 전이성 방사선에 노출되면 생체 조직이 손상되고 돌연변이, 방사선 질환, 암 등이 발생할 수 있고 사망에 이를 수 있다.

---

69 en.wikipedia.org
70 en.wikipedia.org

여기서 문제는 비전이성 방사선이 인체 내 세포의 화학 결합을 끊어 DNA를 즉시 파괴할 수는 없지만, 이것이 생물학적 영향이 없다(특히 시간이 오래 걸려도)는 것을 의미하지는 않는다는 사실이다.

물리학자와 엔지니어들이 비전이성 방사선이 인체에 아무런 영향을 미치지 않는다고 확신한다면, 이는 틀림없이 증거가 될 수 있는 사례가 없다는 이유 때문일 것이다.

나를 당황스럽게 하는 것은 수천여 건의 "블랙 스완(검은 백조)" 연구에서 그 반대의 경우(인체에 영향을 주는)도 나타나고 있다는 것이다. 즉, 열을 발생시킬 수 없을 만큼 아주 낮은 수준에서도 비전이성 방사선은 생물학적 영향을 주고 있다는 것이다.

마틴 블랭크의 얘기를 다시 들어보도록 하자. "1948년 각각 독립적으로 연구해오던 두 그룹이 모두 전자파 방사선 노출로 인한 비가열 영향을 확인했다. 한 그룹인 메이요 클리닉(Mayo Clinic)의 과학자들은 마이크로파에 노출된 개들로부터 백내장 발생을 확인했으며, 다른 한 그룹인 아이오와대학교(University of Iowa)의 연구진들은 마이크로파 노출로 토끼와 개는 백내장을, 쥐의 경우는 '고환 퇴화'를 일으켰다고 보고했다."[71]

이것은 제1장에서 다루었던 4가지 종류의 EMF(무선주파수, 자기장, 전

---

71 Martin Blank, PhD. Dr. Zory Glaser의 연구 인용. 다음 자료 참고.
    magdahavas.com/pick-of-the-week-2-origins-of-1966-u-s-safety-standards-for-microwave-radiation/

기장, 유해전기)가 아주 낮은 수준에서 유해하거나 치료용으로도 사용될 수 있다는 사실을 보여주는 수천 건의 연구 사례 중 하나다.

이제 곧 이러한 영향에 관하여 언급하겠지만 먼저 전이성과 비전이성에 관한 논의부터 마무리하도록 하겠다.

토론은 끝났다:
비전이성 방사선은 쥐(Rats)에 암을 유발한다

몇몇 회의론자들과 전문 "삐뚤이(무조건 반대로만 하는)"들이 비전이성 방사선이 생명체에 아무런 영향을 미치지 않는다고 주장할 수 있는 여지가 여전히 남아 있다면, 이제부터 내가 이야기하려고 하는 연구가 마침내 이 거대한 착각에 종지부를 찍게 할 것이다.

미국 국립독성학프로그램(NTP)이 추진한 2천5백만 달러에 달하는 거대한 실험 프로젝트에서 쥐(Rat)와 생쥐(Mouse)를 사람이 36년 동안 하루 30분씩 통화로 인해 받을 수 있는 것과 같은 양의 휴대폰 방사선에 노출시켰을 때 나타나는 영향을 연구했다.[72]

마이크로웨이브 뉴스(Microwave News)에 따르면 "전자파에 노출된 쥐들은 뇌신경 교세포 종양인 신경교종(Glioma)과 매우 드물게 나타나는 종양인 심장 신경초종(Schwannoma)이라는 두 종류의 암 발생률이 더욱 높은 것으로 밝혀졌다. 노출되지 않은 대조군의 쥐에서는 그

---

72 microwavesnews.com

러한 유형의 종양이 발생하지 않았다."

하지만 여기 아주 재미있는 것이 있다. 휴대폰 노출과 쥐의 암 발생 사이에 나타날 수 있는 연관성을 찾는 연구는 처음이 아니다. 그래서 NTP 연구에서는 쥐의 체온이 결코 1°C 이상 상승된 적이 없다는 사실을 분명히 함으로써 가열 효과를 완전 배제시켰다. 이는 곧 비전이성 EMF가 비가열 효과만으로 쥐의 암 발생 위험을 증가시킨다는 사실을 보여준 것이다.

아이러니한 점은 NTP 연구의 고위 관리자인 존 부처(John Bucher)가 연구자에게 이 연구를 하도록 원했던 이유는 핸드폰이 암을 유발하지 않는다는 것을 확실히 증명하고자 하는 것이었다.[73]

이제 놀랐다고요?

나는 EMF의 유해성으로부터 건강을 보호할 수 있는, 과학에 기반을 둔 효과적인 안전기준이 없다는 불편한 진실을 맨 처음 알았을 때 무척 놀랐다.

그래서 지금 내가 "휴대폰은 당신을 죽일 수 있으니 버리라."라고 불안을 조장하는 자가 될 수도 있다. 하지만 걱정할 것 없다. 그렇게 되지는 않는다.

우리는 흡연이 암을 유발할 수 있다는 것을 알고 있지만 여전히 수백만

73 microwavesnews.com

명이 담배를 피운다. 설탕은 결코 내 몸에 좋지 않지만 나 역시 인간이라서 가끔 디저트를 먹는다.

하지만 내 몸에 설탕, 알코올 또는 패스트푸드로 마구 채워 넣지 않는 이유는 이것들이 건강에 좋지 않아 이제는 적당히 해야 한다는 사실 때문이다.

그렇다면 얼마만큼의 EMF 노출이 너무 많은 것일까? 또 그 정도면 얼마나 해로운 것일까? 그러면 적당한 것의 반대인 하루 24시간 일주일 내내 EMF 수프 속에서 빠져 지낸다면 어떤 일이 일어날까? 계속 읽어 보시길.

이 친구가 개인적으로는 EMF가 위험하다는 것을 믿지 않는다 하더라도, 복잡하고 어려운 과학을 단순하고 쉽게 설명하는 방법이 나에게 엄청난 자극이 되어왔다.[74]

---

74 youtube.com/watch?v=C5HM2F13Dfk

제4장

유해 증거

인체에 흐르는 EMF

EMF의 4가지 세포 교란 방법

EMF와 수면

증거 있나?

만약 내가 당신에게 휴대폰이 위험하기 때문에 머리나 신체 가까이 어디에도 놓지 말아야 한다고 말한다면, 당신의 첫 번째 질문은 아마 "증거 있나?", "왜?" 또는 "누가 그래?" 등 일 것이다.

휴대폰이나 기타 EMF 방출 전자기기에는 담뱃갑에서 볼 수 있는 것과 같은 경고성 라벨이 없는 주된 이유는 EMF가 인체에 유해한 영향을 준다는 증거가 아직 흡연과 폐암 사이의 인과 관계만큼 명확하게 밝혀지지 않았기 때문이다.

그렇다고 증거가 없다는 뜻은 아니다. 정부와 통신업계가 객관적인 관점에서 고려해 볼 때, EMF와 건강 유해성의 관계는 지금의 정책과 안전기준을 바꾸고 이를 시행하는데 들어갈 수조 달러 예산을 정당화할 만큼 강력하고 충분하지 않다는 것이다. 그리고 이것이 정부와 통신업계가 원하는 것이기도 하다.

지금이 제2장에서 언급했던 "블랙 스완" 사례로 다시 돌아가기에 아주 좋은 시간이다. "블랙 스완(검은 백조)" 기억하죠?

미국 연방통신위원회와 캐나다 보건성이 EMF에 대해 지금 주장하고 있는 것은 "모든 백조는 하얀색이다." 또는 "지금의 안전기준에 따르면 EMF는 인체에 유해하지 않다."는 것이다.

미국 연방통신위원회	캐나다 보건성	통신 회사	유럽 대체의학 클리닉	Bioinitiative 보고서
			PARACELSUS CLINIC	
모든 것은 안전하다. SAM에게 물어보세요.[75]	어린이조차 1년 365일 하루 24시간 노출된다 하더라도 건강에 해를 주지 않는다.[76]	"연방통신위원회의 규정을 준수할 뿐이다."	"EMF는 암, 집중력장애, 주의력결핍장애, 편두통, 불면증, 파킨슨병 그리고 심지어 요통을 유발한다."[77]	"지금의 공공 안전 기준이 수백 단위나 높은 수치로 주어졌다."[78]

하지만 2007년과 2012년에 나온 Bioinitiative 보고서의 29명 저자들과 스위스의 유명한 파라셀수스(Paracelsus) 병원 의사들, 그리고 수천명의 과학자들은 완전히 반대되는 주장을 하고 있다. 이들은 "만약 모든 백조들은 하얗다면, 어떻게 수천의 검은 백조들이 바로 건너편에 있을 수 있는가?" 또는 "현재 시행되는 안전기준보다 훨씬 낮은 수준의 EMF도 건강에 확실히 영향을 주고 있음을 나타내는 수많은 연구결과에 대해서는 어떻게 설명할 것인가?"라고 반박하고 있다.

---

75 이렇게 말한 것은 아님
76 hc-sc.gc.ca
77 marioninstitute.org
78 bioinitiative.org

다음 두 장에서 우리는 이 검은 백조들을 찾으러 갈 것이다.[79] 여기서 우리의 목표는 EMF가 해롭다는 것을 확실히 증명하려는 것이 아니라, 확실히 안전하다는 가정을 반증하려는 것이라는 사실을 명심하기 바란다.

팩트 #1: EMF는 모든 동물에게 영향을 준다

"동물에게 만성 질환을 일으키는 물질은 인간에게도
그러한 질환을 일으킬 수 있는 것으로 간주되어야 한다."[80]

국제암연구위원회(IARC)

생태계의 모든 종의 동물들은 발생원(자연에서 나온 것과 인간이 만든 것 모두)에 상관없이 EMF에 매우 민감한 것으로 보인다.

예를 들어, 새들은 실제로 지구의 자연 자기장을 "감지할" 수 있고, 이를 이용하여 지구의 다른 쪽에 있는 지점으로 정확하게 이동한다.[81]

곤충들 역시 EMF에 매우 민감하며 휴대폰 신호에 노출되었을 때 아주 이상한 행동을 한다.

2011년에 이루어진 한 연구에서 EMF가 꿀벌의 행동에 놀라운 영향을

---

79 이 글을 쓰는 동안에는 백조에 이상이 생긴 것은 아니다.
80 Davis, D., PhD. (2013). Disconnect: The Truth About Cell Phone Radiation. Environmental Health Trust.
81 nationalgeographic.com

이 비디오는 스마트폰이 전화를 받았을 때 개미들이 난리가 난 것을 보여준다 (2015). 유튜브 자료

미친다는 사실이 밝혀졌다.[82]

일부 전문가들은 우리 생활 주변에서 일어나는 EMF 증가(수백만 개의 새로운 중계기 안테나를 상상해 보라)가 "벌떼 붕괴 현상"의 원인 중 하나라고 생각한다. 전 세계 수십 개 국가에서 전체 벌의 숫자가 지난 15년 동안 적어도 50%는 사라져 버린 현상이 관찰되었다.[83]

독일 란도대학교의 연구자들은 벌집 근처에 휴대폰을 두었을 때, 밖으로 나간 벌의 상당수가 돌아오지 않았다는 것을 관찰했다. 아마 휴대폰이 지구 자기장을 기반으로 하는 벌들의 항법 시스템을 방해하기 때문일 것으로 추측한다.[84]

이 주제만으로도 10여 개의 책이 저술될 수 있었을 것이다. 하지만 과학적으로 봤을 때 확실한 것은 EMF는 지구의 모든 살아있는 생명체에 주요한 영향을 미친다는 것이다.

- 2013년 EMF의 생태계 영향에 관한 113개의 연구를 검토한 결

---

82 springer.com
83 en.wikipedia.org
84 scienceagogo.com

과, 그중 65%가 EMF는 강도가 높을 때뿐만 아니라 낮을 때에도 영향을 준다는 사실을 밝혀냈다. 또 50%는 동물에, 75%는 식물에 미치는 영향을 밝혀냈다. 더 오랜 기간 그리고 더 강한 세기에 노출될 경우 그 영향은 당연히 더 악화되었다.[85]

- 동물들이 지구의 자연 자기장보다 50배나 약한 60Hz 자기장에 민감하게 반응할 수 있는 "마그네타이트"[86]라는 천연 미네랄을 함유하고 있다는 사실은 이미 수십 년 전부터 알려져 왔다. 이는 미국 연방통신위원회의 안전기준인 2,000mG보다 200배나 약한 것이다. 특히 새는 연방통신위원회 안전기준보다 2,000배나 더 약한 자기장에서도 방향을 잃는 것으로 확인되었다.[87]

- 전기 전문가인 데이브 스테처(Dave Stetzer)는 낙농장에서 어느 정도 높은 수준의 유해전기가 소의 건강에 중요한 영향을 미칠 수 있는지를 연구했다. 스테처 박사는 전기공학 분야와 동물보건학 분야의 전문가들과 함께, 소의 행동, 건강, 우유 생산은 단계적 전위 전압(Step-Potential Voltage)의 고조파 왜곡(유해전기로도 불림)에 부정적으로 반응한다는 결론을 내렸다.[88] 그는 한 낙농장으로부터 400미터 떨어진 곳에 있는 학교에서 발생하는 유

---

85 Elizabeth Plourde 박사가 저술한 EMF Freedom에 나오는 내용. 다음 자료 참고. pdfs.semanticscholar.org/7c23/70eabdb09a92a6663dec5e159e54cd84e86d. pdf

86 ncbi.nlm.nih.gov

87 Martin Blank 박사가 저술한 Overpowered에 나오는 내용 다음 자료 참고 ncbi. nlm.nih.gov/pubmed/8074740

88 milieuziektes.nl

해전기를 줄였더니 소 한 마리당 일일 생산하는 우유의 양이 평균 4.5kg가량 증가하는 매우 특이한 현상도 알아냈다.[89]

팩트 #2: 인체도 전기로 작동한다

어떤 사람들은 "일반적인 상식"은 과학적인 논쟁거리가 되지 않는다고 주장할 것이다. 하지만 인체의 모든 기관이 전기와 자기에 의존한다는 일반적인 상식으로 판단해 볼 때, EMF가 신체 조직에 가열 작용을 하지 않으면 건강을 해치지 않는다고 생각하는 것은 일종의 미친 짓이다.

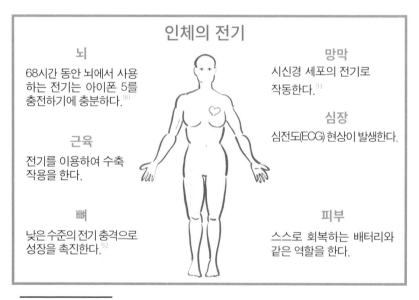

인체의 전기

뇌
68시간 동안 뇌에서 사용하는 전기는 아이폰 5를 충전하기에 충분하다.[90]

망막
시신경 세포의 전기로 작동한다.[91]

심장
심전도(ECG) 현상이 발생한다.

근육
전기를 이용하여 수축 작용을 한다.

뼈
낮은 수준의 전기 충격으로 성장을 촉진한다.[92]

피부
스스로 회복하는 배터리와 같은 역할을 한다.

89 Milham, S., MD. (2012). Dirty Electricity: Electrification and the Diseases of Civilization. iUniverse

90 gizmodo.com

91 en.wikipedia.org

92 ncbi.nlm.nih.gov

93 onlinelibrary.wiley.com

팩트 #3: 모든 세포는 EMF를 감지한다

증거는 점점 확실해지고 있다. 인체는 전기와 자기로 작동할 뿐만 아니라 모든 세포들도 주변의 전자기 상태를 "감지"하는 안테나를 가지고 있는 것으로 밝혀졌다.

2017년 1월 히브리대학교 의과대학에서 있었던 발표에서, 로니 세거 (Rony Seger, MD)박사는 인간도 다른 동물들이 자기장을 탐지하기 위해 사용하는 것과 동일한 종류의 크립토크롬 단백질이 모든 세포마다 들어 있다고 주장했다.[94] 이것은 많은 인체 실험을 통해 확인되었다.[95]

세거 박사는 현재 정확히 인간 세포의 어느 부분이 EMF를 "탐지하는" 안테나 역할을 하는지 찾으려는 노력을 하고 있다. 그는 자기장의 경우 최하 1.5milligauss(현 연방통신위원회 안전기준의 1,333분의 1 수준) 그리고 무선주파수의 경우 최하 4.34V/m(현 연방통신위원회 안전기준의 14분의 1 수준)에서 인체의 특정 경로를 활성화할 수 있음을 보여주었다.

예를 들어, 매우 낮은 수준의 자기장이 "NADPH 산화제"라 불리는 경로를 활성화시키는 것으로 밝혀졌다. 이는 심장 동맥을 딱딱하게 하는 아테롬성 동맥경화증(Atherosclerosis)의 주요 원인으로 여겨지고

---

94 2017년 1월 이스라엘에서 개최된 Wireless Radiation And Human Health Expert Forum에서 한 강의의 일부. 다음 자료 참고.ehtrust.org/science/key-scientific-lectures/2017-expert-forum-wireless-radiation-human-health/

95 sciencemag.org

85

있다.[96] 그렇다면 이것은 EMF로 인해 심장마비 발생 위험이 증가될 수 있다는 것을 의미하는 것일까? 잠시 후 여기에 관해서 알아보도록 하겠다.

팩트 #4: 인체의 모든 세포는 EMF로 인해 여러 가지. "피해"를 받게 된다

지금까지 얘기한 것은 별 의미가 없다고 생각할 수 있다. 왜냐하면 인체 세포가 EMF를 감지한다고 해서 유해하다고는 말할 수 없기 때문이다. 그렇다면 세포들은 단지 EMF 신호만 감지하고, 아무렇지도 않은 듯, 정상적인 기능을 계속할 수 있을 것인가?

지금까지 설명한 것으로는 그렇게 생각할 수 있다. 그렇게 생각한다면 여기까지 잘 이해한 것이다.

EMF가 신체 내 여러 종류의 세포에 어떻게 영향을 미치는지 설명할 수 있는 많은 기작들이 여전히 밝혀지지 않고 있다. 하지만 다음 네 가지는 누구도 부인할 수 없는 확실한 사실이다.

---

96 en.wikipedia.org

1. EMF는 유전자(DNA) 손상을 유발한다

"마이크로파가 염색체나 DNA 결합을 파괴할 수 없다거나
조직을 손상시키지 못한다는 믿음은 매우 부정확한 것이다."

로버트 케인(Robert C. Kane) 박사, (전) 모토로라 선임 연구과학자

EMF가 어떻게 인체 세포를 파괴시키는지에 관해 여전히 논란이 있다. 그 이유는 아직도 과학(제2장에서 조금 이상한 것으로 설명한)이라는 것이 인체 세포들이 정보 교환을 위해 낮은 레벨의 EMF를 사용하는 방법에 대해 명확한 답을 내놓지 못하기 때문이다.[97]

한 가지 확실한 것은 우리 몸의 세포들은 주변의 EMF 수프를 감지하고도 세포의 주요 기능을 다할 수 있다는 사실이다.

마틴 블랭크(Martin Blank)는 저서 Overpowered에서 "일반 휴대폰 사용 시 발생하는 EMF 수준"에서도 DNA 손상은 계속 일어나는 것으로 설명하고 있다.[98]

비엔나 의과대학의 2005년 연구에서 1800MHz 신호(무선주파수 영역)가 인체의 섬유모세포(Fibroblast)와 암컷 쥐의 생식세포에서 DNA의 단일 및 이중 나선 결합을 모두 파손시키는 것으로 나타났다. 또한 이

---

97 fluxology.net
98 Blank, M., PhD. (2015). Overpowered: The Dangers of Electromagnetic Radiation (EMF) and What You Can Do about It. Seven Stories Press.

연구는 간헐적인 펄스 노출이 지속적인 노출보다 더 강한 영향을 나타낸다고 보고했다. 게다가 그들은 DNA 손상이 EMF가 열을 발생시킴으로 인해 나타나는 영향이 아니라고 결론지었다."[99]

이 현상은 2009년 블랭크와 굿맨(Blank and Goodman)의 연구[100]와 그 외 10여 개의 다른 논문들에 의해 확인되었다.[101] 베름 재단(Verum Foundation)의 아델코퍼(Alkkofer) 연구원에 따르면, 이러한 영향은 과거 2G에 비해 3G 휴대폰에서 최대 10배나 더 강력하다.[102] 그러므로 4G/LTE 시대의 휴대폰들은 훨씬 더 나쁘다고 결론지을 수 있다.

블랭크는 가장 우려되는 것은 "노출이 끝난 후에도 쥐의 뇌에서 몇 시간 동안 계속해서 DNA가 분해되고 있다는 것을 라이와 싱(Lai and Singh)이 발견했다는 사실이다"라고 설명했다.[103] 이는 노출로 인해 즉시 손상을 일으킬 뿐만 아니라 "노출이 끝난 후에도 손상이 지속되는 일련의 과정이 시작되는 것을 암시한다"라고 그는 말하고 있다.

햇빛 노출과 같이 많은 것들이 DNA 손상을 일으키는 것은 사실이

---

99 Elizabeth Plourde 박사가 저술한 EMF Freedom에 나오는 내용. 다음 자료 참고. ncbi.nlm.nih.gov/pubmed/15869902

100 ncbi.nlm.nih.gov

101 microwavesnews.com

102 Davis, D., PhD. (2013). Disconnect: The Truth About Cell Phone Radiation. Environmental Health Trust.

103 Martin Blank 박사가 저술한 Overpowered에 나오는 내용. 다음 자료 참고 ncbi.nlm.nih.gov/pubmed/15121512

다.[104] 하지만 화상을 입기 전에 햇빛을 차단하려고 하는 것이 상식이다. 그런데 우리는 하루 24시간 일주일 내내 빠져있는 EMF 수프에서 꺼내 달라고 애원하는 몸의 요구를 무시하고 있지 않나?

과도한 DNA 손상으로 인해 일어날 수 있는 부작용

자체 복원이 적절히 되지 않은 과도한 DNA 손상(그리고 이 경우에 해당하는 증거도 있다.[105])은 암, 조로증후군, 신경퇴행성 질병, 생식력 감소, 면역력 감소, 심장병 또는 대사 증후군과 같은 것들을 야기할 수 있다.[106]

---

2. EMF는 칼슘채널(VGCC)을 엉망으로 만들어버린다

"우리의 몸에서 EMF는 세포 원형질막에 있는 전압조절 칼슘채널(voltage-gated calcium channel)에 작용한다. EMF로 인해 이러한 경로가 열리게 되면, 칼슘이 세포 안으로 흘러들어가 세포 내 칼슘농도가 과잉상태가 되어 EMF에 의해 발생하는 모든 생물학적 영향으로 이어지게 된다.

자폐증은 그중 하나다. 두 번째는 제2형 당뇨병이고, 세 번째는 심장의 전기 조절과 관련이 있는 심혈관 질환의 일종이다.

---

104 scientificamerican.com
105 ehtrust.org
106 ncbi.nlm.nih.gov

그래서 단지 가열 효과에만 근거하고 있는 지금까지의 모든 안전평가들은 잘못된 가정에 근거한 것이라 할 수 있다."

- 2013년 포틀랜드 공립학교 교육위원회에서 열린 강의에서
마틴 폴(Martin Pal)l 박사[107]

또 다른 머리글자? 정말?

그렇죠. 과학은 모두 머리글자로 표현된다. VGCC는 "전압조절 칼슘채널(Voltage-Gated Calcium Channels)"의 머리글자다. 이것은 칼슘을 세포 안으로 들여보내기도 하고 내보내기도 하는 작은 문이다. 그리고 이 작은 문은 짐작하겠지만, 매우 약한 세기의 전기에 의해 작동한다.

지난 몇 년 동안, 워싱턴주립대학교(Washington State University)의 마틴 폴(Martin Pall) 박사는 이 메커니즘을 집중 연구했다. 그는 이 주제에 관해 수십 개의 논문[108]을 지난 20여 년 동안 발표했다. 여기에는 2013년 세계적인 의학 발견(Global Medical Discovery)[109]에서 최고의 논문으로 인정받은 VGCC에 관한 연구[110]도 포함되어 있다. 다시 말해서 마틴 폴 박사는 이 분야를 아주 잘 알고 있는 분이다.

그는 2014년 노르웨이 오슬로에서 이 주제 관해 오랜 시간 발표한 적이 있었다(당연히 나도 그곳에 있었고, 전체 내용을 두 번이나 들었다).[111]

---

107 electrosmogprevention.org
108 researchgate.net
109 ncbi.nlm.nih.gov
110 globalmedicaldiscovery.com
111 youtube.com

그는 발표에서 종류가 서로 다른 매우 약한 세기의 두 EMF(하나는 휴대폰의 무선주파수, 다른 하나는 일반 전선에서 나오는 전자기장)에 노출된 세포는 노출 후에도 몇 시간 동안 세포의 VGCC를 열려 있게 함으로써 칼슘이 추가로 세포 내로 흘러들 수 있게 한다고 설명했다.

세포 내 칼슘 과다가 인체에 어떠한 영향을 줄 수 있는지 아주 쉽게 이해할 수 있도록 작성된 마틴 폴 박사의 그래픽을 첨부했다. 그는 이 그래프에서 혼란을 일으키는 각기 다른 5가지 경로와 서로 간에 어떤 시너지 효과를 유발하는지 보여주고 있다.

농담이지만, 이 그래프는 사실 매우 극소수의 사람(내 자신을 포함하여)들만 이해할 수 있다.

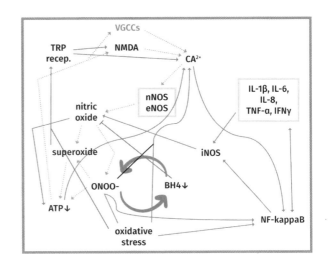

여기서 중요한 점은 칼슘 과다는 인체에 많은 부정적인 또는 긍정적인 영향을 줄 수 있다는 것이다. 부정과 긍정은 일반적으로 인체 내 어떤 종류의 세포가 영향을 받느냐에 따라 결정된다.

세포 내 칼슘 과다로 인한 영향

긍정적	부정적
• 뼈의 재생[112] • 편두통, 뇌졸중, 파킨슨병, 근육긴장이상, 이명과 같은 신경질환 치료 가능성 [113] • 심한 우울증이나 환청과 같은 정신질환 치료 가능성 • 마틴 폴에 따르면 EMF를 치료용으로 사용될 수 있음을 보여주는 논문이 7,000여편이나 된다. 모두 EMF 수준이 너무 낮아서 가열 효과를 나타낼 수 없다(모두 긍정적인 "검은 백조" 사례).	• 피부 세포 성장[114] • 신경 세포의 정보전달 방해[115] • 심부전, 부정맥, 심장 질환 • 자유 라디칼을 형성하고 산화 스트레스를 유발하며 세포의 항산화 물질을 고갈시키는 세포 내 질소 산화물의 증가 • 암 • 뇌혈관 보호막 파손 • 불임 • 우울증을 포함한 여러 신경학적 영향[116] • 수면 장애 • 백내장 • 신경발달 및 자폐증[117]

마틴 폴 박사의 연구가 단순한 이론이 아니라는 결정적인 증거는 다수의 연구가 EMF의 VGCC 방해 현상을 칼슘 차단제로 막을 수 있음을 보여 주었다는 것이다. 칼슘 차단제는 칼슘의 세포 유입을 방지하

---

112 ncbi.nlm.nih.gov

113 sites.google.com

114 Elizabeth Plourde 박사가 저술한 EMF Freedom에 나오는 내용. 다음 자료 참고. ncbi.nlm.nih.gov/pubmed/15225800

115 상동. 참고 journals.plos.org/plosone/article?id=10.1371/journal.pone.0047429

116 researchgate.net

117 Martin Pall 박사 발표: youtube.com/watch?v=yydZZanRJ50

는 역할을 한다. 이제 곧 EMF 방지 해법을 제시할 것이니, 지금 칼슘 차단제를 복용하지 않아도 된다.

3. EMF는 인체의 독성물질 유입 방지막을 개방시킨다

"가장 중요한 EMF의 영향은 뇌혈관 보호막의 투과성을 높이는 것이다. 이로 인해 수은, 유기염소, 그리고 다른 오염물질들이 뇌로 유입되어 다양한 신경퇴행성 질환들을 유발한다."

프랑스 종양학자 도미니크 벨포메(Dominique Belpomme)[118]

제2장에서 언급했던 생물학자 앨런 프레이는 처음으로 낮은 수준의 EMF 방사선(스마트폰에서 방출되는 것과 같은 것)이 독성물질과 다른 침입 물질들로부터 뇌를 보호하는 중요한 막(뇌혈관 보호막 또는 BBB로도 불리는)을 열 수 있다는 것을 증명했다.

마틴 블랭크가 보고한 것처럼[119] 프레이의 관심은 EMF 노출이 BBB를 손상시킬 수 있다는 것이었다. 그는 두 집단의 쥐를 연구했다. 한 집단은 1.9GHz 방사선(휴대폰과 같은)에 2시간 동안 노출되었고, 다른 집단은 EMF 방사선에 노출되지 않았다.

먼저 그는 EMF 방사선에 노출되지 않은 쥐의 순환계에 형광 염료를

---

118 emfacts.com
119 Blank, M., PhD. (2015). Overpowered: The Dangers of Electromagnetic Radiation (EMF) and What You Can Do about It. Seven Stories Press.

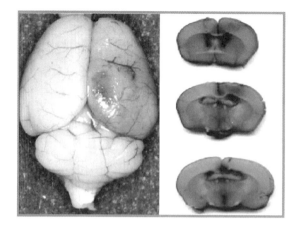

주입했다. 예상한 바와 같이, 염료는 뇌를 제외한 모든 조직으로 매우 빠르게 퍼져 나갔다. 그리고 같은 염료를 방사선에 노출된 쥐들에게 주입

하자, 단 한 번의 노출로 염료는 순식간에 뇌까지 스며들었다.

쥐에 나타난 이러한 유해성이 비전이성 방사선 때문이라는 것을 프레이가 증명하자 그는 직장에서 그대로 해고당했다. 다행히도 프레이의 연구 결과는 다음과 같은 주요 학자들을 포함하는 다른 많은 연구자들에 의해 재확인되었다.

- 스웨덴의 리프 샐퍼드(Leif Salford) 교수[120]
- 노라 볼카우(Nora Volkow, MD), 국립약물남용연구소 소장[121]
- 3개의 박사 학위[122]를 보유한 폴란드 연구원 데리우스 레쉰스키 (Dariusz Leszczynski)[123]

---

120 portal.research.lu.se
121 ncbi.nlm.nih.gov
122 gigahertz.ch
123 ncbi.nlm.nih.gov

뇌혈관 보호막 누출로 인한 영향	
긍정적	부정적
• 뇌에 약물 전달[124] • 뇌종양 치료에 활용 가능성[125]	• 두통 및 편두통[126] • 일부 뇌세포의 죽음[127] • 바이러스, 중금속, 박테리아의 뇌 침입 허용 • 신경 세포 및 전반적인 뇌 기능 방해 • 신경계 손상[128], 알츠하이머나 다발성 경화증(MS)과 같은 신경 퇴행성 질환의 증가 • 기억 상실[129] • 뇌의 포도당(당분)의 수요 증가

뇌혈관 보호막(BBB)의 이러한 누출 현상은 휴대폰 사용에 의해 매우 빠른 시간에 일어나게 되는 것 같다. 한 연구에 따르면 짧은 통화 직후 채혈된 여성들의 혈액에서 갑상선 호르몬의 특정 운반체가 높게 나타났다. 이는 그 여성들의 뇌하수체액이 혈액으로 누출되고 있다

---

124 krasavin-group.org

125 Frank S. Lieberman 박사는 최근 뇌종양 치료를 위해 낮은 수준의 EMF를 사용하는 의료 장비를 개발했다. 이 장비는 미국 식품의약품안전처(FDA)의 승인을 받았으며 특정 형태의 뇌종양을 치료하는데 어떤 케모테리피(화학치료법) 보다 효과가 뛰어남을 보여 주었다. 다음 동영상이 그가 발표한 자료 : youtube.com/watch?v=ugDkVSuiPtg

126 Elizabeth Plourde 박사가 저술한 EMF Freedom에 나오는 내용. 다음 자료 참고. ncbi.nlm.nih.gov/pmc/articles/PMC1533043/

127 Martin Blank 박사가 저술한 Overpowered에 나오는 내용. 다음 자료 참고 ncbi.nlm.nih.gov/pubmed/19345073

128 Elizabeth Plourde 박사가 저술한 EMF Freedom에 나오는 내용. 다음 자료 참고. hindawi.com/journals/np/2015/708306/

129 상동. 다음 자료 참고 ncbi.nlm.nih.gov/pubmed/25598203

는 증거다.[130]

가장 우려되는 부분은 이러한 손상이 몇 주까지는 아니더라도 며칠 동안 지속될 수 있다는 것이다. 앞서 언급한 스웨덴 살포드(Salford) 교수의 연구에 따르면, 휴대폰 방사선에 단 2시간 동안 노출된 쥐들의 뇌혈관 보호막이 8주가 지난 후에도 여전히 누출되고 있는 것으로 나타났다.

뇌혈관 보호막 누출은 높은 강도의 유해전기에 노출된 사람들에게서도 나타났다. 예방의학자 사무엘 밀햄과 전기공학자 데이브 스테처는 특수 필터를 사용하여 공공도서관의 유해전기 수준을 10,000GS(매우 우려할 만한 수준)에서 50GS(안전 한계 수치) 미만으로 줄였을 때, 그곳에서 일하는 사람들의 소변에서 신경전달물질의 수치가 엄청나게 감소한 사실을 알아냈다.[131]

이는 앞에서 언급한 EMF는 뇌혈관 보호막을 열어 좋은 물질(영양분, 신경전달물질)을 내보내는 반면 나쁜 물질(독성물질)을 끌어들인다는 관찰 결과와 일치한다.

이 현상을 독자적으로 연구해 온 과학자들도 EMF가 인체의 다른 중요한 방어막을 약화시킬 가능성이 있음을 고려해야 한다고 주장한다. 주요 고려 대상이 될 수 있는 것은 다음과 같은 것들이 있다.[132]

---

130 상동. 참고 ehjournal.biomedcentral.com/articles/10.1186/1476-069X-8-19
131 stetzerelectric.com
132 bioinitiative.org

- 안구혈관 보호막(눈 보호) — 백내장 및 근시와 관련

- 태반혈관 방지막(발달 과정에 있는 태아 보호) — 자폐증 및 유산 등 치명적 태아 문제와 관련

- 내장혈관 보호막(적절한 소화 및 영양 보호) — 자가 면역 질환, 음식 과민증, 소화 장애, 라임 질환 증상 등과 관련

- 고환혈관 보호막(정자 생성 보호) — 불임, 성욕 감퇴, 암, 발기불능 등과 관련

나는 개인적으로 EMF 노출은 소아지방변증이나 만성장염(Crohn's Disease)과 같은 소화기 자가 면역 질환, 그리고 음식물 알레르기, 과민성 대장 증후군과 같은 소화 장애 등의 증가를 유발할 수 있는 다양한 원인 중 하나일 것이라고 생각한다. 이러한 증상들은 장내 침투성과 관련이 있으며[133] "누출성 장 증후군(Leaky Gut Syndrome)"으로도 알려져 있다. 미래에는 밝혀질 것으로 예상된다.

---

133 ncbi.nlm.nih.gov

4. EMF는 인체의 치유력을 감소시킨다

"당신이 정신적으로나 육체적으로 행복해지길 원한다면, EMF
에 대비하라. 특히 육체가 수면을 통해 스스로 회복되는 밤에
EMF 노출을 피하는 것은 건강한 삶을 위한 중요한 원천이
된다."

로이드 버렐(Lloyd Burrell), 전자파 과민증 환자, ElectricSense.com의 설립자-

EMF가 생명현상에 주는 나쁜 역할 중에서 아주 심각한 예는 세포의
DNA를 손상시키고, 세포에 칼슘을 과도하게 흐르게 하며, 인체 본래
의 보호막을 헐어 독성물질과 기타 물질의 유입을 허용하는 것이다.
게다가 EMF는 이러한 손상으로부터 몸이 회복되는 것을 방해하기도
한다.

밤은 낮 동안 우리가 혹사시킨 모든 것으로부터 몸이 스스로 회복하
는 시간이라는 것은 누구나 알고 있다. 잠에 빠져들자마자 우리의 인
체는 다음과 같은 특별한 회복 과정을 따르게 된다.

- 뇌세포는 글림패틱 시스템(Glymphatic System)에 의해 약 60%[134] 정도
  로 축소된다. 이 시스템은 불과 몇 년 전에 밝혀진 것으로 이를 통해
  세포 내 쓰레기(독소와 대사물)를 제거한다.[135]

---

134 mercola.com
135 nih.gov

- 낮에 있었던 일들은 장기 기억 장치에 저장된다.[136]
- 인체 세포는 대부분 자가 포식 작용을 한다. 이는 쓸모없거나 손상된 세포를 제거하는 필수적인 과정이다.
- 신체 근육과 조직은 스스로 회복된다.[137]

가능하면 많은 시간을 "REM(Rapid Eye Movement)"이라 불리는 원기 회복에 가장 좋은 수면 단계에서 잠을 자는 것이 특히 중요하다. 이러한 회복 단계에서 수면 시간을 보냈다는 것을 나타내는 좋은 예는 꿈을 기억할 수 있는 것이다. 내가 아는 대부분의 사람들은 이러한 일이 매우 드물게 일어난다.[138]

침실에 나타나는 높은 수준의 EMF가 인체 회복력을 손상시키는 가장 핵심적인 방법은 멜라토닌 호르몬 생산을 교란시키는 것이다.

마틴 블랭크(Martin Blank)에 따르면,[139] 2000년경에 이미 자기장, 전자장, 무선주파수 방사선이 인체의 멜라토닌 생산력을 억제한다는 사실을 입증하는 15편의 연구 논문들이 발표되었다. 멜라토닌 생산이 줄어든다는 것은 REM 수면이 줄어들고 신체 회복이 더디게 일어난다는 것을 의미한다.[140]

---

136 ncbi.nlm.nih.gov
137 sleepfoundation.org
138 huffingtonpost.com
139 Blank, M., PhD. (2015). Overpowered: The Dangers of Electromagnetic Radiation (EMF) and What You Can Do about It. Seven Stories Press.
140 academic.oup.com

이 효과는 용량-반응(Dose-Response)법으로 증명되었다. 더 많은 EMF 에 노출될수록 멜라토닌 생산은 더욱 억제되었다.[141]

잠들기 바로 전에 휴대폰을 사용하지 않는다고 해서 아무런 이상이 없을 것이라 생각할 수 있지만 이는 사실과 다르다. 한 연구는 낮 시간에 25분간 휴대폰을 사용함으로 인해 밤에 인체에서 생산되는 멜라토닌의 양이 현저히 감소된다는 것을 보여 주었다.

혹시 EMF가 수면을 해친다는 더 많은 증거가 필요하면, 여기 또 한 가지 예가 있다.

몇 년 전 자가면역 연구재단(Autoimmunity Research Foundation)의 트레버 마샬(Trevor Marshall) 교수는 매우 낮은 수준의 EMF 환경은 수면에 도움이 된다는 것을 증명하는 실험을 했다. 그는 EMF를 매우 효과적으로 방지할 수 있도록 설계된 침낭에서 다수의 사람들이 수면을 취하도록 했다.[142] 눈, 코, 입만 열어두고 나머지는 완전히 차단된 조금 이상한 상태에서 자는 실험이었다. 결과는 90%의 참가자들이 훨씬 잠을 잘 잤다고 했다.[143]

EMF는 수면의 질을 떨어뜨리는 것 외에도 여러 가지 다른 방법으로 세포가 회복되는 것을 막을 수 있다.

141 Martin Blank 박사가 저술한 Overpowered에 나오는 내용. 다음 자료 참고 microwavenews.com/news/backissues/n-d97issue.pdf
142 stopumts.nl
143 ElectricSense.com's EMF Experts Solutions Club에서 Lloyd Burrell과 Trevor Marshall 교수의 토론 내용. 보다 자세한 내용은 electricsense.com에서 참고

EMF가 수면에 영향을 줄 수 있을까?[144]

연구	무선주파수 방사선(V/m)		영향
A	0.047-0.22		↑ 피로도 및 수면 방해
B	0.14		↑ 불면증
C	0.19-0.64		↑ 피로도 및 수면 방해
D	0.19-0.43		↑ 불면증
E	0.43-0.61		↑ 피로도 및 수면 방해
F	13.72		↓ REM 수면
FCC 기준	61.4		

연구	무선주파수 방사선(SAR W/kg)		영향
G	0.25		↓ REM 수면
H	1		↓ 수면의 질
I	1		↓ 수면의 질
J	1		↓ 수면의 질
K	1		↓ 수면의 질
FCC 기준	1.6		
L	1.95		↓ REM 수면
M	2		↓ 수면의 질

---

144 상세한 자료는 부록 1에 제시함.

- EMF는 두 가지 주요 항산화방지제인 과산소 디스뮤타아제 (Superoxide Dismutase)와 글루타티온 과산화효소(Glutathione Peroxidase)의 체내 함량을 감소시킨다.[145] 항산화방지제가 감소하면 치유력이 떨어진다.

- EMF는 적혈구(RBC)들을 서로 뭉치게 만든다.[146] 적혈구가 서로 들러붙게 되면 신체 전반에 산소 공급량이 줄어든다. 산소가 줄어들면 회복력이 떨어진다.[147]

- EMF는 주요 스트레스 호르몬인 코티솔(Cortisol) 수치를 상승시킨다.[148] 코티솔이 증가하면 회복이 늦어진다.[149]

빙산의 일각

EMF는 현재 안전기준보다 수천 배 낮은 수준에서도 심각한 생물학적 영향(긍정 및 부정 모두)을 야기할 수 있다는 것을 증명하는 많은 "블랙 스완" 연구가 지금까지 이루어졌다.

---

145 Daniel and Ryan DeBaun이 저술한 Radiation Nation에 나오는 내용. 다음 자료 참고 ncbi.nlm.nih.gov/pmc/articles/PMC4344711/

146 youtube.com

147 ncbi.nlm.nih.gov

148 Olga Sheean에 따르면 휴대폰 중계기 타워에서 나오는 무선주파수 방사선에 짧은 시간 노출되어도 코티솔 호르몬 체내 농도를 증가시키는 것으로 나타났다. 오랜 기간 노출되었을 때는 아드레날린 호르몬 체내 농도를 영원히 높이는 결과를 보여 주었다. 독일에서 이루어진 연구 결과 참고. avaate.org/IMG/pdf/Rimbach-Study-20112.pdf

149 ncbi.nlm.nih.gov

그렇다면 이 모든 것들이 인체 건강에는 무엇을 의미할까? 특정 질병, 혹은 일반인들이 경험하고 있는 어떤 건강 문제들이 눈에 보이지도 않는 EMF 탓이라고 할 수 있을까?

그럼 지금부터 불확실성의 세계로 들어가 무엇이 있는지 보자.

제5장

증거 불충분

135가지 "블랙 스완" 연구
전자파 과민증은 사실인가?
EMF의 8가지 인체 피해 경로

우리가 아직도 확신할 수 없는 것

> 우리를 힘들게 하는 것은 우리의 무지가 아니라,
> 확실하지 않은 것을 확신하고 있는 것이다.

- 마크 트웨인(Mark Twain)

모든 좋은 책들은 항상 마크 트웨인의 말을 인용하고 있다.

2016년 3월, 미국 캘리포니아 주 버클리 시는 "휴대폰 판매업자들이 고객들에게 전자파 방사선에 노출될 수 있음을 경고하는 것을 의무화"하는 "알권리 규정(Right-To-Know Ordinance)"을 통과시켰다.[150]

"버클리 시의 알권리 규정"을 완전히 미친 짓이라고 생각하는 사람들도 있다.[151] 하지만 나는 솔직히 말해서 이것을 좋은 결정이라고 생각한다. 왜냐하면 지금의 EMF 안전기준은 전자파의 중요한 생물학적 효과를 무시하고 시대에 크게 뒤떨어진 가열 효과에만 근거하고 있으며, 제조업체가 "스마트폰을 절대로 신체 가까이 두지 말라."는 문구를 사용자의 눈에 띄지 않는 작은 글씨로 충고하고 있기 때문이다. 그나마 이 우스꽝스러운 충고는 의무도 아니고 임의(자발적)로 하는 것이다.

---

150   rfsafe.com
151   마치 아래에 나와 있는 라벨을 문제 삼으며 버클리 시를 법정 제소한 통신 회사처럼: sanfrancisco.cbslocal.com/2017/02/24/judge-orders-california-to-release-papers-discussing-risk-of-cell-phone-use/

지난 4장에서 EMF가 인체 각 세포의 주요 반응들을 방해할 수 있는 다양한 방법에 관해 설명했다. 거기서 나오는 어려운 용어 때문에 독자들이 지루해하지 않았기를 바란다.

진짜 궁금한 것은 세포 반응 방해가 아니라 EMF가 우리의 건강에 직간접으로 어떤 영향을 주느냐는 것이다. 특히 지금 우리가 몸담고 있는 EMF 수프가 점점 강해지고 있다는 사실을 고려하면 궁금증은 점점 더해간다.

135편의 연구들

아마 휴대폰이 뇌종양이나 유방암과 관련이 있을 것이라는 이야기를 많이 들었을 것이다. 하지만 내가 보기에는 그것은 겨우 빙산의 일각에 지나지 않는다.

세계 최고의 EMF 전문가들이 쓴 연구 논문을 파헤쳐 가는 과정에서 나는 EMF가 인체 건강에 매우 다양한 영향을 주고 있다는 사실을 발견했다. 예를 들어, 수면, 호르몬, 감정 상태, 체중 감소(또는 증가), 정신 건강 그리고 그 외 수많은 영향들이 있다.

나는 이번 조사 과정에서 찾은 수천 편의 논문 중에서 EMF 노출이 건강에 부정적인 영향을 주는 135편의 논문을 분류했다. 흥미로운 사실은 대부분의 부정적인 영향은 현재 적용되고 있는 안전기준보다 낮은 수준에서 발생하고 있다는 것이다. 이 연구 논문 하나하나가 "블랙 스완" 식 논

증으로 가열 효과가 없으면 건강에 영향을 줄 수 없다는 생각을 산산조
각 내버렸다.

그렇다면 EMF가 모든 만성적인 질병과 건강 문제를 유발하는 원인임
을 의미하는 것일까? 물론 그렇지는 않다. 하지만 건강 문제를 일으
킬 수 있는 약간의 가능성이 있다 하더라도 독자들은 그것을 듣고 싶
어 할 것이다.

흡연이 암 발생 원인임을 증명하기 수십 년 전에 담뱃갑에 경고문을
붙였다. 어쩌면 스마트폰에 다음과 같은 경고문이 게재될지 아무도
모르는 일이다.[152]

경고 #1: EMF는 당신을 병들게 할 수 있다

전 세계적으로 스마트폰이나 스마트미터 등에서 나오는 EMF에 민감
하다고 호소하는 사람들이 수없이 많다. 그중 일부는 일반 가정용 전
기로 인한 EMF에도 과민한 반응을 보인다.

마그다 하바스(Magda Havas) 박사의 연구에 따르면 심각한 전자파 과
민증 증상을 보이는 사람의 수는 실제로 약 2천 5백만 명에 이르며,
약 3억 명이 넘는 인구가 보통 수준의 "두통이나 수면 장애" 증상을

---

152 Elizabeth and Marcus Plourde는 저서 EMF Freedom에서 EMF 수프 때문에 인
     체 세포에 나타날 수 있는 모든 결과를 설명하고 있다. 그리고 그 피해를 스마
     트폰에 경고문으로 표현할 것을 주장하고 있다. 이들의 주장에 상당히 고무되
     어 다음 부분을 기술하였다.

보이고 있다고 한다.[153]

국가별 본인 주장에 따른 전자파 과민증 인구 추정 비율[154]

인구 비율	국가	조사 년도
1.5 %[155]	스웨덴	1997
3.2 %[156]	미국	1998
5 %[157]	스위스	2004
9 %[158]	독일	2004
11 %[159]	영국	2004
13.3 %[160]	대만	2007
아무도 모름	전세계	2030

많은 의료 전문가들은 이러한 경향을 주시하고 있다. 2016년 네덜란드 전체 의사 중 약 3분의 1정도가 EMF로 인한 고통을 호소하는 환자들을 진료했다고 한다.[161]

---

153 abc.net.au
154 다음 연구 결과에 기초함: Havas (2013 — abc.net.au), Hallberg and Oberfeld (2006 — next-up.org) and Hedendahl, Carlberg & Hardell (2015 — researchgate.net)
155 ncbi.nlm.nih.gov
156 ncbi.nlm.nih.gov
157 ncbi.nlm.nih.gov
158 bmub.bund.de
159 who.int
160 ncbi.nlm.nih.gov
161 ncbi.nlm.nih.gov

그렇다면 이 모든 사람들이 갑자기 미쳐서 호들갑을 떨고 있는 것일까?

스웨덴 정부는 그렇게 생각하지 않고 있다. 1995년부터 전자파 과민증을 신체 기능적 장애(달리 표현하면 망상적 정신질환이 아님)로 인식해왔다.[162]

그렇다면 스웨덴이 우리가 모르는 무엇을 알고 있다는 것일까? 왜 "과학적으로 접근하는 의학"을 옹호하는 사람들은 전자파 과민증이 정신질환이라는 생각에 여전히 매달리고 있는 것일까?[163] 나도 솔직히 이 부분에 관해서 잘 모르겠지만 "거부(Denial)"이라는 단어가 먼저 가슴에 와 닿는다.

좀 더 신중하게 생각해보면, 정신질환으로 여기는 이유 중 하나는 전자파 과민증은 정확하게 정의하기가 매우 어렵기 때문이다. 다시 말하면 EMF는 매우 다양한 곳으로부터 방출되고 파장도 모두 다르다. 그리고 사람에 따라 나타나는 증상도 천차만별이기 때문이다.

---

162 eloverkanslig.org
163 sciencebasedmedicine.org

전자파 과민증의 가장 일반적인 증상[164]

피부질환	빛에 민감/ 안질환	피로/ 힘이 없음
심장질환/ 고혈압	두통/ 편두통	관절통/ 근육통
어지러움	집중장애	메스꺼움/ 허약한 건강 상태
내분비 장애	기억력 장애	호흡기 질환/ 폐 질환
복부/ 내장 질환	마비 증세	인플루엔자/ 목구멍 이상
수면 장애	청각장애/ 이명	떨림/경련
불안/ 우울증	정신 몽롱/ 정신 혼란	기절/ 혼수 상태
천식/ 알레르기	언어 장애	자극 과민증

전자파 과민증은 이처럼 증상들이 매우 다양하다. 물론 이러한 증상들은 음식, 운동, 약물 또는 기타 수천 가지의 다른 요인들에 의해서도 나타날 수 있다.

이것은 우리 자신에게 물어봐야 할 매우 중요한 문제들로 이어진다. 내가 EMF에 민감한지, 아니면 단순히 오늘 기분이 안 좋은 건지? EMF 때문에 소화가 잘 안 되고 있는지, 아니면 내가 먹은 음식이 나와 맞지 않는 것인지?

---

164 스웨덴에서 전자파 과민증으로 고통 받는 400여 명의 증상을 연구한 결과. 다음 자료 참고. feb.se/feb/blackonwhite-complete-book.pdf

물론 이러한 예를 계속 제시할 수 있지만, 이미 무슨 뜻인지 잘 알 것이다. 이러한 증상들이 EMF의 직접적인 영향으로 생긴 것인지, EMF로 인해 더욱 악화된 것인지, 또는 다른 요인에 의한 것인지, 말하기는 어렵다. 하지만 지금처럼 EMF를 제대로 이해하기 시작하면 모든 문제를 이 보이지 않는 전자파 때문이라 확신하고 알루미늄 포일이나 뒤집어쓰는 이상한 행동으로부터 자동 탈출하게 될 것이다.

인체가 정말로 EMF에 민감한지, 혹은 그렇지 아닌지를 가리기 위해서는 혈액 내 생물지표(Biomarker) 측정과 같은 과학적으로 구체적이고 측정 가능한 방법으로 어떻게 영향을 주고 있는지 살펴봐야 한다. EMF에 민감하다고 스스로 주장하는 사람들에게 나타나는 현상을 생물지표로 보여주는 믿을 만한 연구가 있을까? 물론, 당연히 있다.

"환경보건학 리뷰(Reviews on Environmental Health)"라는 학술지에 실린 2015년 논문을 보면 "2009년부터 전자기와 여러 가지 화학물질에 민감한 700명을 대상으로 조사한 과학자들은 만성적인 염증이 전자파 과민증을 일으키는 원인이라고 밝히고 있다."[165]

자신이 전자파에 민감하다고 주장하는 사람들의 경우는 히스타민(알레르기로 고통을 받고 있는 사람들의 경우 높게 나타남)과 항미엘린 항체(근육 약화와 저리는 것과 관련)는 실제로 높게 나타나고, 멜라토닌(불면

---

165 Elizabeth Plourde 박사가 저술한 EMF Freedom에 나오는 내용. 다음 자료 참고. emfacts.com/2016/01/ehs-paper-published-in-reviews-on-environmental-health/

증과 면역력 감소와 관련)은 줄어들고 산화 스트레스(인체에 나타나는 모든 질병과 관련)를 보인다. 더욱 중요한 것은 연구자들이 EMF에 노출된 동물에서도 정확하게 일치하는 생물지표를 발견했다는 사실이다.

아직도 충분하지 않다면, 좀 더 보여주겠다. 각자 판단하길 바란다.

2002년 산티니(Santini)와 그의 동료들은 휴대폰 기지국(셀 타워)으로부터 각각 다른 거리에 거주하고 있는 남성 270명과 여성 260명을 대상으로 조사 연구를 했다.[166]

그들의 연구는 다음과 같은 비교적 명백한 가설을 입증하고 있다. 하루 24시간 일주일 내내 무선주파수 방사선을 방출하는 강력한 셀 타워에 가까이 살면 살수록 사람들은 전자파 과민증과 관련된 피로, 수면 부족, 두통, 불편한 느낌, 집중 장애, 우울증, 기억 상실 등과 같은 증상을 더욱 많이 겪고 있었다.[167]

---

166 ncbi.nlm.nih.gov
167 Magda Havas 박사가 보고한 내용 abc.net.au/catalyst/download/Havas%20
     -%20spread%20of%20wifi%20and%20risks%202013.pdf

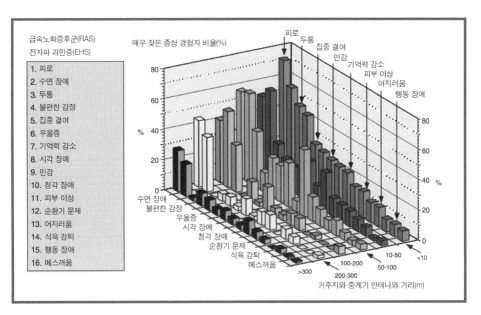

급속노화증후군(RAS)
전자파 과민증(EHS)

1. 피로
2. 수면 장애
3. 두통
4. 불편한 감정
5. 집중 결여
6. 우울증
7. 기억력 감소
8. 시각 장애
9. 민감
10. 청각 장애
11. 피부 이상
12. 순환기 문제
13. 어지러움
14. 식욕 감퇴
15. 행동 장애
16. 메스꺼움

휴대폰 기지국 (셀 타워) 부근 거주자들이 경험하는 증상들
(Santini et al 연구, Magda Havas의 허가로 게재함)

연구자들은 셀 타워로부터 300m 이내에는 사람들이 거주해서는 안
된다는 결론을 내렸다. 이 결론은 지금에 와서 심각한 문제가 될 수
있다. 왜냐하면 이 연구가 이루어진지 15년이 지난 지금, 전 세계의
셀 타워 숫자는 폭발적으로 증가하여 감히 셀 수가 없을 정도가 되었
기 때문이다.

전 세계 셀 타워 및 와이파이 네트워크, 2002 - 2003[168]

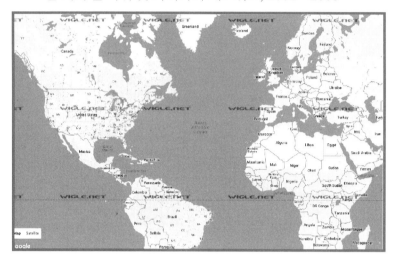

전 세계 셀 타워 및 와이파이 네트워크, 2016 - 2017[169]

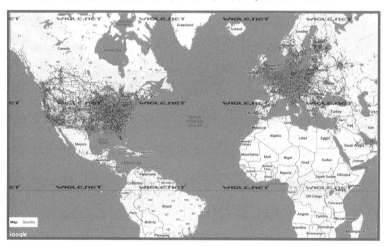

168 2017년 4월 19일 Wigle.net에서 나온 자료. 나는 이 자료의 정확성을 보장할
    수 없지만 이 지도는 지난 몇 년간 EMF 수프가 얼마나 많이 변했는지 확실히
    보여준다.
169 상동

EMF는 커피와 상당히 유사한 점이 있다. 대부분의 사람들은 카페인에 민감하지만 체질에 따라 정도가 다르다. 어떤 사람들은 커피를 마시면 신경과민이 되거나 에너지가 넘치기도 하고, 어떤 사람들은 잠자리에 들기 전 커피를 3잔씩이나 마셔도 아주 잘 잔다. 그래서 나는 모든 사람들이 EMF의 영향을 받지만 사람마다 차이가 있다고 생각한다.

자신이 EMF에 민감한지 알아보고 싶다면, 취침 시 머리맡에 3일 밤 연속 4G 휴대폰을 두고 자도록 한다. 다음 3일 밤은 그 휴대폰을 비행 모드로 설정한 후 같은 머리맡에 두고 자도록 한다. 결과에 대해 100% 확신이 들 때까지 여러 번 반복 시험해 보도록 한다.

비행 모드를 설정하면 휴대폰이 방출하는 무선주파수 방사선이 당신 머리를 공격하지 않게 된다. 만약 비행 모드 상태로 수면을 취했을 때 아침에 더욱 개운하게 잠에서 깨거나 지난 밤 꿈을 생생하게 기억할 수 있다면(REM 수면을 취했다는 증상) 당신은 EMF에 민감한 사람으로 분류된다.

경고 #2: EMF는 암 발생 위험을 증가시킬 수 있다

2011년 세계보건기구(WHO)의 국제암연구소(IARC)는 EMF를 발암가능 물질(2B)로 분류했다.[170]

---

170 iarc.fr

EMF는 뇌종양을 유발할 수 있을까?[171]

밝혀진 사실	연구자
뇌종양 발생 위험 증가, 특히 동일한 쪽의 뇌 부위	Bortkiewicz et al., 2017
뇌종양 발생 위험 증가	Myung et al., 2009
장기간(10년 이상) 사용자의 뇌종양 발생 위험 증가	Prasad et al., 2017
신경교종 발생 증가	Carlberg and Hardell, 2012
휴대폰 과다 사용자의 뇌종양 발생 가능성	Coureau et al., 2014
자기장 노출 직업군의 뇌종양(신경교아종) 발생 위험 증가	Villeneuve et al., 2002
신경교아종(Glioma) 및 음향신경종(Acoustic Neuroma)은 휴대폰 EMF 노출로 인한 것	Carlberg and Hardell, 2013
휴대폰 방사선은 뇌종양을 유발, 인체발암물질(2A)로 분류되어야 함	Morgan et al., 2015

그리고 지난 몇 년 사이에 국제암연구소(IARC)는 웹사이트 게시물 내용을 "EMF는 암을 유발할 수 있다"에서 "휴대폰 방사선은 암을 유발할 수 있다"로 수정했다.[172] 난 조금 이상하다는 느낌이 들었다.

아무튼 EMF 또는 휴대폰의 무선주파수 방사선은 DDT(1972년 이후 금지된 살충제[173]), 납, 디젤 연료 등과 같은 그룹으로 분류되었다.

---

171   상세한 자료는 부록 2에 제시함.
172   "휴대폰 전자파 방사선이 암을 유발할 수 있다"를 알리는 WHO 국제암연구소의 다음 공식 웹사이트를 참고. who.int/mediacentre/factsheets/fs193/en/
173   npic.orst.edu

EMF는 유방암을 유발할 수 있을 것인가?[174]

밝혀진 사실	연구자
무선통신 종사자의 유방암 발생 위험 증가	Tynes et al., 1996
50세 미만 여성이 1mG 이상 자기장에 노출될 경우 에스트로겐 수용체 양성으로 유방암에 걸릴 확률 7배 상승	Feychting et al., 1998
EMF와 유방암 발생과의 관련 가능성	Caplan et al., 2000
25mG 이상 자기장에 노출되는 직업군에서 유방암 발생 위험 3배 증가	Forssén et al., 2000
높은 자기장에 노출되는 사무직 근로자 직업군에서 남성 유방암 집단 발생	Milham, 2004
극저주파수(ELF) 자기장(MF)에 장기간 심하게 노출되는 직업군에서 알츠하이머와 유방암 발생 위험 확실한 증가	Davanipour and Sobel, 2009
자기장 노출과 유방암 발생 관련 가능성	Chen et al., 2013
EMF 노출과 남성 유방암 발생 위험 증가의 관련 가능성	Sun et al., 2013
약한 세기의 자기장에서 유방암 발생 위험 증가	Zhao et al., 2014

이 정도면 EMF가 암 발생 위험을 증가시킬 수 있다는 결론을 내리기에 충분할까? 그런데 같은 발암물질 2B 그룹에 슈퍼 푸드라고 일컫는 알로에베라, 은행나무 추출물, 절인 야채 같은 것도 포함되어 있다.[175]

국제암연구소(IARC)의 이러한 분류는 우연히 이루어진 요행이 아니었다. 제3장에서 언급한 NTP의 연구 결과가 회의론자들의 주장을 끝

---

174   상세한 자료는 부록 3에 제시함.
175   en.wikipedia.org

장낸 것이다. 이 연구는 휴대폰을 하루 30분씩 36년 동안 사용했을 경우 신경교종(Glioma, 뇌종양의 일종)과 신경초종(Schwannoma, 희귀성 심장 종양의 일종)의 발병률이 현격하게 증가될 수 있음을 보여주고 있다.[176]

그렇다고 이 연구가 여러 가지 EMF로 인해 각종 암 발생 위험이 증가하는 것과 관련되어 있다는 것을 처음으로 보여준 것은 아니다.

이미 1979년(스마트폰이나 셀 타워로부터 방출되는 무선주파수 방사선에 우리가 노출되기 이전)에 어린이 백혈병이 일반 가정용 전선이나 고압선에서 방출되는 높은 수준의 자기장(MF)과 관련이 있다는 사실을 규명하기 위한 연구가 시작되었다.[177] 이러한 연구의 결과가 2002년에 와서 국제암연구소(IARC)로 하여금 50~60Hz 영역의 자기장(MF)을 인체 암 유발 가능 그룹 2B로 분류하게 했다.[178]

그 이후로 많은 연구들이 EMF와 여러 종류의 암 발생과의 관계를 규명해왔다. 몇 가지 예를 들어보자면 흑색종(피부암),[179] 청각 신경종(내이),[180] 유방암,[181] 침샘암,[182] 림프종(백혈구)[183] 등이다.

176 microwavesnews.com
177 ncbi.nlm.nih.gov
178 jstor.org
179 researchgate.net
180 Daniel and Ryan DeBaun이 저술한 Radiation Nation에 나오는 내용. 다음 자료 참고.
      pathophysiologyjournal.com/article/S0928-4680(14)00064-9/fulltext
181 상동. 다음 자료 참고 ncbi.nlm.nih.gov/pubmed/24984538
182 academic.oup.com
183 sfdph.org

내가 가장 우려스럽게 생각하는 부분은, 특정 종양이 발병하기까지 수십 년이 걸린다는 점을 고려한다면, 2017년 현재 방출되고 있는 EMF 수프는 앞으로 암 발생 위험에 어느 정도로 영향을 줄 것인지 알 수가 없다는 점이다. 예를 들자면 일본 히로시마 원자폭탄 생존자들은 방사선 노출 65년이 지난 지금에 와서도 뇌종양 발생이 증가하고 있다는 것이다.[184]

하지만 EMF 위험성 여부를 판단하기 위해 암 연구에만 초점을 맞추는 것은 좀 심하게 미친 짓이라 할 수 있다. 왜냐하면 이는 결국 누가 뇌종양으로 사망했고 얼마나 휴대폰을 사용했는지 알아보고 사망자 수나 확인하다가 마지막에는 아무 결론 없이 끝나버릴 수 있는 일이기 때문이다.

경고 #3: EMF는 남성 호르몬, 정자 및 성욕에 심각한 영향을 줄 수 있다

현대인이 사는 곳에는 새롭고 환상적인 피임 방법이 있다. 이 방법은 무료이고 아주 효과적이며 느낌도 거의 없다.

이 피임법은 남자들의 사타구니를 무선주파수 방사선으로 쬐는 것으로 휴대폰을 주머니에 넣고 다니거나(캐나다 성인의 67%가 그렇게 하듯

---

184 nytimes.com

이)[185] 랩톱을 무릎 위에 놓고 사용하는 것이다.

출산율, 성욕, 정자 수, 테스토스테론(남성 호르몬), 그리고 남성 생식력 건강에 나타나는 여러 가지 현상들의 급격한 감소가 생활환경에서 EMF 노출 증가와 관련될 수 있다는 매우 타당한 근거들이 있다.

물론 불임이라는 것이 웃어넘길 일은 아니다. 상황이 너무 심각해서 내가 환상적인 피임 방법이라 농담한 것이다. 사실 오늘날 대다수의 젊은 커플들은 자연 임신을 할 수 없다. 일례로 인도 뭄바이의 젊은 커플들은 절반이 그렇다.[186]

EMF와 정자 수

다니엘 드바운(Daniel DeBaun)이 저술한 "Radiation Nation"은 다음과 같은 연구 결과를 기술하고 있다. "랩톱을 바로 무릎 위에 올려놓고 사용할 때, 특히 와이파이와 연결된 경우, 정자의 DNA 손상이 일어나고 동시에 정자 수와 운동성 감소가 발생했다."[187]

그 외 다수의 연구들도 이와 정확히 일치하는 결론을 내리고 있다. 아르헨티나에서 발간되는 한 신문에는 랩톱을 4시간 동안 사용하는 경우 기본적으로 정자 25%를 쓸모없이 만들어 버릴 수 있다는 기사가

---

185 이 통계 자료는 CBC's Marketplace에서 언급됨. 다음 영상물 참고 youtube.com/watch?v=Wm69ik_Qdb8&app=desktop

186 Girish Kumar(Indian Institute of Technology Bombay) 박사에 의함.

187 Daniel and Ryan DeBaun이 저술한 Radiation Nation에 나오는 내용. 다음 자료 참고. ncbi.nlm.nih.gov/pubmed/18044740

난 적도 있다.[188]

그 외 다른 연구에서도 휴대폰 사용으로 유사한 정자 손상이 일어나고 있음을 발견했다. 한 연구에서는 휴대폰을 과하게 사용하는(하루 4시간 이상) 사람은 사용하지 않은 사람보다 정자수가 40%나 적은 것으로 나타났다.[189]

현명한 충고를 잊지 않도록 내가 아이폰 케이스에 새겨 넣은 말
"경고: 이 경이로운 과학기술은 당신의 불알을 태워버릴 수 있다."

이미 자녀를 두고 있거나 장래 자녀 계획이 없어 개인적으로 정자 수 감소를 별로 상관하지 않는 사람도 정자의 건강 상태는 신체의 종합적인 건강과 밀접한 관련이 있다는 사실을 명심해야 한다.

덴마크의 한 조사에서는 "정자의 수가 최상위 그룹인 사람들은 최하위 그룹에 비해 사망률이 43%나 낮게 나타나는 것"으로 밝혀졌다.[190]

188 상동. 다음 자료 참고 dx.doi.org/10.1016/j.fertnstert.2011.10.012
189 Martin Blank 박사가 저술한 Overpowered에 나오는 내용. 다음 자료 참고 ncbi.nlm.nih.gov/pubmed/17482179
190 health.harvard.edu

EMF가 남성 생식력에 영향을 줄 수 있나?[191]

연구	무선주파수 방사선(V/m)		영향
A	0.036		↓ 정자 수
B	0.5-0.6		↓ 정자 형태
C	0.79-2		↑ 회복 불가능한 불임
D	1.37		↑ 고환 손상
E	1.37-1.94		↓ 정자 운동성
F	43.41		↓ 테스토스테론 호르몬
FCC 기준	61.4		

연구	무선주파수 방사선 (SAR W/kg)		영향
G	0.0024		↓ 정자 운동성
H	0.0071		↑ 고환 손상
I	0.091		↑ 고환 손상
J	0.4		↓ 정자 운동성
K	1.2		↑ 고환 손상
L	1.46		↓ 정자 운동성
FCC 기준	1.6		
M	2		↓ 정자 운동성

---

191 상세한 자료는 부록 4에 제시함.

EMF는 남성 생식력에 영향을 줄 수 있는가? (메타 분석)[192]

출간 연도	검토 논문 수	결론	연구자
2014	10	휴대폰에 노출되는 것은 정자의 상태에 부정적인 영향을 준다.	Adams et al., 2014
2012	26	무선주파수 방사선에 노출된 정자는 운동성 감소, 형태학적 이상, 그리고 산화 스트레스 증가를 보였다. 휴대폰을 사용하는 남성의 경우 정자의 농도, 운동성, 생존력 등이 감소했다.	La Vignera et al., 2012
2009	99	휴대폰 무선주파수 방사선은 정자의 수정 능력에 영향을 줄 수 있다.	Desai et al., 2009
2013	11	휴대폰 무선주파수 방사선은 정자의 상태에 심각한 영향을 줄 수 있다.	Dama and Bhat, 2013
2014	18	휴대폰 사용은 정액에 유해한 영향을 줄 가능성이 있다.	Liu et al., 2014
2016	27	무선주파수는 정액의 미토콘드리아에 기능장애를 유발하여 산화 스트레스로 이어지게 할 수 있다.	Houston et al., 2016

자기장과 남성 호르몬(테스토스테론)

이것에 관련된 연구는 많지 않지만, 쥐(Rat)를 대상으로 한 연구에서 "45일 동안 하루 2시간가량 주파수 900MHz(휴대폰 주파수 영역)에 노출된 쥐들은 테스토스테론 수치가 크게 감소했다. 노출되지 않은 쥐들은 평균 수치가 505ng/dl이었으나 노출된 쥐들은 176ng/dl로 떨어졌다."[193]

---

192 상세한 자료는 부록 5에 제시함.
193 Elizabeth Plourde 박사가 저술한 EMF Freedom에 나오는 내용. 다음 자료 참고. ncbi.nlm.nih.gov/labs/articles/22897402/

고환에 피해를 주고 정자의 질을 떨어뜨리는 것은 테스토스테론과 같은 성호르몬의 생산에 영향을 줄 수 있다고 가정하는 것은 매우 합리적이라고 생각한다. 한 연구는 임신한 쥐가 휴대폰 방사선에 노출되면 새끼는 고환 성숙 단계에서 손상을 입어 조기 사춘기에 이를 수 있다는 것을 보여 주었다.[194]

EMF와 발기부전

다니엘 드바운(Daniel DeBaun)은 휴대폰 사용이 비아그라와 시알리스 판매가 급상승한 이유 중 하나가 될 수 있다고 설명했다. "2013년, 과학자들은 휴대폰과 발기부전의 연관성을 처음으로 밝혀냈다. 이후 대규모 연구 과제를 통해 이것이 재확인되었으며 과학자들은 이를 계기로 이 현상과 관련된 메커니즘을 연구하게 되었다."[195]

경고 #4: EMF는 여성 호르몬, 성욕 저하, 조기 폐경을 유발할 수 있다

만약 두통, 우울증, 정신분열, 월경불순, 불면증, 신경과민 증상을 느낀다면, 조기 폐경일까 아니면 다른 문제일까?

대체 의학 치료사이자 "EMF Freedom"의 저자 엘리자베스 플로어드(Elizabeth Plourde)는 2015년 한 인터뷰에서 환자들이 폐경 증상이라

---

194 상동. 다음 자료 참고 ncbi.nlm.nih.gov/pubmed/24101576
195 Daniel and Ryan DeBaun이 저술한 Radiation Nation에 나오는 내용. 다음 자료 참고. ncbi.nlm.nih.gov/pmc/articles/PMC3921848/

생각하는 것과 EMF 사이에 매우 강력한 연관성이 있음을 발견했다고 말했다.

"문제는 여성들의 호르몬에 있는 것이 아니었다. 그래서 나는 환자들과 매우 깊은 개별 상담을 했다. 무엇이 다르고, 무엇이 새롭고, 무엇이 환자들로 하여금 그렇게 느끼도록 했을까? 공통분모는 그들이 사용하는 스마트미터에 있었다.[196] 스마트미터는 현재 전국적으로 설치되어 있고 해외 많은 나라에서 널리 사용되고 있다."

그렇다면 EMF는 모든 호르몬과 관련된 문제의 유일한 원인이라는 것인가? 결코 그런 것은 아니다. 하지만 많은 연구에서 밝히고 있듯이 EMF가 분명히 문제를 더욱 악화시키는 것은 사실이다.

EMF와 여성 호르몬

여성도 약간의 테스토스테론(남성 호르몬)이 필요하다. 따라서 EMF가 남성에게 영향을 주는 것만큼 여성에게도 분명히 영향을 줄 수 있다.

"EMF에 1년간 노출된 180명의 여성 근로자들과 349명의 대조군(노출되지 않은 그룹)에 대한 비교 연구에서 전자파 방사선 노출은 생리불순 현상에 대한 뚜렷한 증가와 생리과다(심한 출혈) 증가 및 프로게스테론(여성 호르몬) 수치 감소를 유발하고 있음이 나타났다."[197]

---

196 ihealthtube.com
197 Elizabeth Plourde 박사가 저술한 EMF Freedom에 나오는 내용. 다음 자료 참고. ncbi.nlm.nih.gov/pubmed/18771615

EMF와 자궁 건강

유감스럽게도 여성들은 신경 써야 할 정자가 없기 때문에 랩톱을 무릎 위에 놓고 사용해도 된다거나 휴대폰을 바지 주머니에 넣고 다녀도 되는 것은 아니다.

아랫도리가 900MHz 휴대폰 전자파에 노출되는 경우 자궁내막 손상을 유발하며 생화학적 및 조직학적 세포 수준에서 피해를 야기하는 것으로 나타났다.[198] 이것은 결코 놀랄 일이 아니다.

남성의 정자는 약 74일이면 완전히 새롭게 생산되어 채워지는 반면,[199] 여성의 경우 태어날 때 30만 개 가량의 난자를 가지고 나와 출생 후에는 재생가능하지 않는 것으로 알려져 있다. 가장 최근의 연구에 따르면 여성은 30살이 되면 보유한 난자 수가 12%이하, 그리고 40살이 되면 3%이하로 떨어지게 되는 것으로 밝혀졌다.[200]

EMF와 여성 생식력

일반적으로 EMF가 신체의 회복 기능을 억제하고 세포에 손상과 스트레스를 가한다면, 이것은 생식기가 EMF에 심하게 노출될 경우 남성의 생식력에 영향을 주는 것만큼 여성의 생식력에도 영향을 주는 것은 당연한 사실이다.

---

198 상동. 다음 자료 참고 ncbi.nlm.nih.gov/pubmed/18536493
199 nytimes.com
200 telegraph.co.uk

예방의학자 샘 밀햄(Sam Milham)이 최근 저서에 기술한 바에 따르면,[201] 전기공학자 데이브 스테처(Dave Stetzer)가 많은 여직원들이 임신하는데 어려움을 겪고 있거나 계속되는 유산으로 고통을 받고 있었던 은행을 방문한 적이 있었다고 한다.

데이브 스테처가 그 은행을 점검한 결과 매우 높은 수준의 유해전기 수치가 나왔으며 특수 필터를 이용하여 크게 줄였다. 약 1년이 지난 후 데이브 스테처는 은행 매니저로부터 항의 전화를 받았다. 이유인즉, 많은 여직원들이 동시에 산후 휴가를 떠났다는 것이었다.

경고 #5: EMF는 사람의 뇌에 피해를 줄 수 있다

만약 스마트폰에서 방출되는 EMF가 뇌종양 발생 위험을 증가시키는 것과 아주 밀접하게 관련되어 있다면, 그 다음으로 머리에 떠오르는 질문은 "그렇다면 뇌에 문제를 일으킬 수 있는 또 다른 것은 무엇이 있을까?"이다.

문제는 뇌를 둘러싸고 있는 두개골이 EMF를 완벽하게 차단할 수 있는 보호막이 아니라는 점이다. 그리고 EMF 방사선은 친구에게 심심풀이로 휴대폰 통화를 할 때나 와이파이 라우터 옆에서 빈둥거리며 시간을 보낼 때에도 우리 뇌의 특정 영역에 흡수된다는 것이다.

---

201 Milham, S., MD. (2012). Dirty Electricity: Electrification and the Diseases of Civilization. iUniverse

미국 연방통신위원회(FCC)가 정한 "안전기준" 이하의 무선주파수 방사선 수준에서 하루에 단 몇 분간만 노출되어도 기억력, 눈, 귀, 기분 상태 등에 심각한 영향이 나타난다는 확실한 증거들이 많이 있다.

EMF는 뇌에 영향을 줄 수 있을까?[202]

연구	무선주파수 방사선(V/m)		영향
A	0.14-0.39		↑두통
B	0.15		↑행동 장애
C	0.24-0.89		↓안정
D	0.55		↓기억력
E	0.7		↓인지력
F	0.78		↑행동 장애
G	0.89-2.19		↑두통
H	1.74-6.14		↑행동 장애
I	1.94		↑뇌혈관 보호막 손상
J	2.37		↓기억력
K	8.68		↓신경전달물질
L	11.07-12.85		↑각막의 산화성 스트레스
M	13-34		↑뇌의 산화성 스트레스
N	14.31		↑뇌의 산화성 스트레스
O	15.14		↓신경전달물질
FCC 기준	61.4		
P	62.6		↑뇌의 산화성 스트레스

202 상세한 자료는 부록 6에 제시함.

연구	무선주파수 방사선(V/m)		영향
Q	0.00067		↓기억력, 학습
R	0.0016-0.0044		↑행동 장애
S	0.016-2		↓뉴론 형성
T	0.17-0.58		↑뇌의 산화성 스트레스
U	0.31-0.78		↑척수의 산화성 스트레스
V	0.37		↑뇌의 산화성 스트레스
W	0.41-0.98		↑쥐(Rats)의 기억력 장애
X	1.38-1.45		↑신경독성 생물지표
Y	1.5		↑뇌의 산화성 스트레스
Z	1.51		↑DNA 손상
AA	1.6		↑인체 모발 DNA 손상
BB	스마트폰 하루 6시간 사용		↑알레르기 현상
CC	컴퓨터 하루 8시간 사용		↑눈의 산화성 스트레스
FCC 기준	1.6		

EMF와 기분

EMF가 당신의 기분에 심각한 영향을 미칠 수 있다. 여기서 기분이란 스타벅스에서 와이파이가 너무 느려 갑자기 옛날 학교에서 모뎀을 사용하던 시절로 돌아가고 싶어지는 그런 심리 상태를 말하는 것이 아니다.

EMF 활동가 올가 쉬언(Olga Sheean)[203]은 "인체가 무선통신기술에 노출됨으로 인하여 인지 및 심리 장애 발생의 증가와 함께 두뇌에 복합적인 영향이 나타난다는 독일 정신과의사 크리스틴 아처만(Christine Aschermann)의 주장"[204]을 강조하고 있다.

2015년 논문에서 마틴 폴(Martin Pall) 박사(앞에서 언급했던 세포 내 과다 칼슘이온에 관한 VGCC 전문가)는 수십 편의 연구 논문을 검토한 결과, "26편의 논문에서 EMF가 신경정신에 영향을 준다는 사실과 인과관계를 보여주는 5가지 근거를 알아냈다."[205]

최악의 경우, 어떤 연구자들은 EMF 노출이 불안감 증가("GABA"라는 신경전달 물질을 고갈시킴으로서[206]), 우울증[207] 및 자살 충동[208]과도 관련이 있다는 결론을 내렸다.

이것이 휴대폰을 사용한다고 해서 곧바로 우울증에 걸리거나 정신이

---

203 EMF 활동가 Olga Sheean이 보고한 내용. 다음 자료 참고emfsafetynetwork. org/wp-content/uploads/2009/09/Personality-changes-caused-by-mobile-telecommunications.pdf

204 emfacts.com

205 sciencedirect.com

206 Elizabeth Plourde 박사가 저술한 EMF Freedom에 나오는 내용. 다음 자료 참고. nature.com/nature/journal/v489/n7416/full/nature11356.html

207 Martin Blank 박사가 저술한 Overpowered에 나오는 내용. 다음 자료 참고aje. oxfordjournals.org/content/146/12/1037.short

208 상동. 다음 두 사이트 참고. https://www.express.co.uk/news/uk/49330/ Suicides-linked-to-phone-masts https://journals.lww.com/health-physics/ Abstract/1981/08000/Environmental_Power_frequency_Magnetic_Fields_ and.3.aspx

상이 된다는 것을 의미하는 것은 아니다. 하지만 뇌혈관 보호막이 열려 뇌에 신경전달물질이 고갈되고 세포에 과도한 칼슘이 유입되며 뉴런의 DNA에 직접적인 손상을 입혀 우리의 맑은 정신과 행복감이 모두 사라지게 할 수도 있다.

EMF 와 두통

두통이나 심각한 편두통은 전자파 과민증을 보이거나 스스로 주장하는 사람들이 가장 많이 호소하는 증상 중 하나다.

앞서 설명한 바와 같이 EMF는 적혈구의 산소를 고갈시키는 것처럼 보인다. 이는 마치 고도가 아주 높아 공기 중 산소가 낮은 곳에서 하이킹할 때와 같은 부작용(고산병)을 일으키는 것 같다.

다수의 연구 논문에서 이러한 현상이 검증됐다.

- 2012년에 발표된 한 연구는 휴대폰 방사선 노출로 인해 혈소판뿐만 아니라 적혈구와 백혈구도 파괴된다는 사실을 확인했다. 이와 함께 혈액 유동성에서도 변화가 일어남을 이 연구는 밝혔다.[209]
- 2015년에 나온 논문에서는 혈소판이 LCD 모니터에 노출됨으로 인해 산화 스트레스를 보이고 산소 신진대사가 감소한다는 사실을 밝히고 있다.[210]

---

209 Elizabeth Plourde 박사가 저술한 EMF Freedom에 나오는 내용. 다음 자료 참고. ncbi.nlm.nih.gov/labs/articles/23054912/
210 상동. 다음 자료 참고 ncbi.nlm.nih.gov/pmc/articles/PMC4697066/

- 적혈구가 900MHz EMF에 노출되면, 모양과 크기가 현격하게 변화하는 현상을 발견한 연구도 있다.[211]

EMF 와 눈

중국, 일본, 그리고 한국 성인들의 약 90%는 근시를 보이고 있으며, 어린이들도 같은 경향을 보이고 있다.[212] 어떤 연구는 "어린이들이 공부를 너무 많이 하고 있기 때문"이라고 주장한다.[213] 하지만 25%에 이르는 어린이들이 스마트폰에 중독되어 있다고 공식적으로 확인되었다. 이것 때문일 가능성도 배제할 수 없다.[214]

사실 레이더 방사선(휴대폰과 동일한 주파수 영역을 사용함)은 1950년대 이후 젊고 건강한 군인들에게 백내장 발병 위험을 증가시켜 왔다.[215]

금속 안경테를 사용할 경우 안경테가 전자파 안테나 역할을 하게 된다. 이때 안경테는 휴대폰에서 나오는 무선주파수 방사선을 빨아들이게 되므로 눈에 주는 피해는 더욱 심하게 된다.[216]

---

211 상동. 다음 자료 참고 ncbi.nlm.nih.gov/pubmed/22676049
212 healthland.time.com
213 huffingtonpost.co.uk
214 bbc.com
215 dtic.mil
216 Elizabeth Plourde 박사가 저술한 EMF Freedom에 나오는 내용. 다음 자료 참고. ncbi.nlm.nih.gov/pubmed/18003202

EMF와 귀

제3장에서 나는 다음과 같은 경고를 했다. 만약 당신이 스마트폰을 사용하는 동안 지금의 SAR 안전기준을 따르기를 원한다면, "당신은 귀가 없다고 생각하라"는 것이다. 이것은 매우 중요하고 심각한 경고임이 분명하다.

이 엄청나게 중요한 경고를 무시하면 어떤 일이 벌어질까? 우리 귀는 휴대폰 통화 시, 안과 밖 모두 엄청난 양의 무선주파수 방사선에 노출된다. 여기에는 듣기와 관련되어 있는 3개의 아주 작은 뼈도 포함되어 있다.

최근 한 인터뷰에서, 기리쉬 쿠마(Girish Kumar) 교수는 청각문제는 주로 노인에게서 일어나지만 지금 인도에서는 하루 종일 스마트폰을 사용으로 청소년들의 청각장애가 만연하고 있다고 지적했다.[217]

무선주파수 방사선과 "청각 소음(이명, 귀 울림 등)"의 연관성은 이미 수십 년 동안 알려져 왔다. 레이더가 군인에 주는 생물학적 영향을 연구하던 앨런 프레이(Allan Frey)에 의해 이러한 현상이 발견되어 "프레이 현상(Frey Effect)[218]"이라는 용어도 만들어졌다.

---

217 ElectricSense.com's EMF Experts Solutions Club에서 Lloyd Burrell과 Girish Kumar 박사(Indian Institute of Technology Bombay)의 토론 내용. 보다 자세한 내용은 다음 사이트 참고 electricsense.com/

218 en.wikipedia.org

EMF와 신경계

마틴 블랭크(Martin Blank) 박사는 2001년부터 2006년까지 발표된 3편의 연구 논문[219]이 휴대폰 사용과 인간의 신경계 사이에 직접적인 연관이 있음을 분명하게 보여준다고 지적했다.

연구 결과는 EMF가 왼쪽 뇌에 노출되면 왼쪽 손의 반응 속도를 늦추고 오른쪽 뇌에 노출되면 오른손의 반응 속도도 늦춰지는 현상을 보였다.

2014년 레드메인과 요한슨(Redmayne and Johansson)[220]은 이러한 연관성을 재확인했으며 EMF는 신경을 보호하는 지방으로 된 껍질(Myelin Sheaths)을 신체 전반에 걸쳐 손상시킬 수 있다는 것을 보여 주었다.

이것은 일부 전자파 과민증 환자들이 EMF로 인해 육체적으로도 심한 영향을 받는다고 호소하는 이유를 설명할 수 있다. 미국 메인 주에서 이루어진 설문조사에서 집에 스마트미터가 설치된 후 25% 이상의 주민들이 "불수의 근육에서 수축 현상"을 경험했다고 말했다.[221]

어떤 연구는 민감한 사람들은 심지어 도로로부터 30km 떨어진 셀 타워에서 방출되는 EMF 때문에 교통안전에 문제가 될 수 있을 정도의 많은

---

219 Martin Blank 박사가 저술한 Overpowered에 나오는 내용. 여기 나오는 3가지 연구 중 하나를 참고. ncbi.nlm.nih.gov/pubmed/19194860
220 ncbi.nlm.nih.gov
221 mainecoalitiontostopsmartmeters.org

영향을 받는다는 결론을 내리고 있다.[222]

또한 EMF가 ALS(루게릭병)[223]과 MS(다발성 경화증)[224] 발생에 영향을 줄 수 있는 아주 확실한 이유도 있다.

EMF & 신경퇴행성 질환

지금까지 내가 설명한 여러 사실에 따르면 일부 연구자들이 EMF가 알츠하이머와 기타 신경 퇴행성 질환(다발성 경화증도 여기에 포함됨)과 관련이 있다고 주장하는 것은 의심할 여지가 없다. 그리고 다음과 같이 여러 가지 이유도 있다.

- 알츠하이머 환자들은 건강한 사람들보다 GABA 수치가 33%나 더 낮다.[225] EMF는 GABA 수치를 떨어뜨린다.
- 어떤 연구자들은 알츠하이머는 뇌의 칼슘 과다 때문일 수 있다고 생각한다.[226] EMF는 칼슘 과다를 유발한다.

다시 말하면, 이러한 연관성은 다양한 형태의 EMF 노출에서 나타났다. 하나의 예로, 스위스 연구자들은 고압선 가까이 살수록 높은 수준

---

222 Elizabeth Plourde 박사가 저술한 EMF Freedom에 나오는 내용. 다음 자료 참고. ncbi.nlm.nih.gov/pubmed/21616774
223 Milham, S., MD. (2012). Dirty Electricity: Electrification and the Diseases of Civilization. iUniverse
224 Elizabeth Plourde 박사가 저술한 EMF Freedom에 나오는 내용. 다음 자료 참고. ncbi.nlm.nih.gov/pubmed/16687046
225 상동. 다음 자료 참고 ncbi.nlm.nih.gov/pubmed/23354600
226 npr.org

의 자기장에 노출되어 알츠하이머 발병 가능성이 높아진다는 사실을 알아냈다.[227]

고압선 근처 거주자는
알츠하이머 발병 위험이 증가한다.(< 50m)[228]

노출 기간	발병 위험 증가
1년	24 %
5년	50 %
10년	100 %

경고 #6: EMF는 비만을 유발한다

이제는 여러분들도 어떻게 모든 것들이 서로 연관되어 있는지 이해하기 시작했다고 생각한다. EMF는 인체가 스스로 회복하는 것을 방해하기 때문에 운동을 하더라도 충분한 효과를 얻지 못한다. EMF는 기분을 나쁘게 하여 잘 먹으려는 식욕을 없애버리기도 한다. 혹시 EMF가 식탐을 불러일으킬 수도, 누가 알겠나?

---

227 reuters.com
228 Martin Blank 박사가 저술한 Overpowered에 나오는 내용. 다음 자료 참고 academic.oup.com/aje/article/169/2/167/95445/Residence-Near-Power-Lines-and-Mortality-From

EMF는 체중에 영향을 줄 수 있을까?[229]

연구	무선주파수 방사선(V/m)	영향
A	0.04-0.9	↑ 코티솔
B	0.15-0.19	↑ 코티솔, 스트레스, 아드레날린
C	8.68	↑ 코티솔
D	43.41	↓ 인슐린
FCC 기준	61.4	

EMF는 체중에 영향을 줄 수 있을까? (노출 유형)[230]

노출 유형	영향	연구 논문
휴대폰 50분간 사용	50분간 휴대폰 전자파 노출이 휴대폰 안테나와 가장 가까운 뇌 부분에서 포도당 신진대사 증가 유발	Volkow et al., 2011
80일간 하루 30분씩 휴대폰 전자파 노출	쥐(Rat)의 혈중 포도당 수치 상승	Celikozlu et al., 2012
높은 수준의 유해전기 (2,000 가우스 이상)	제1형 및 제2형 당뇨병 환자의 혈장 포도당 수치는 전자파 오염 (실내 배선으로 인한 유해전기 kHz 범위의 무선주파수)에 반응.	Havas, 2008
높은 수준의 유해전기 (2,000 가우스 이상)	유해전기 필터 설치 후 혈당 수치 감소	Sogabe, 2006
6 밀리가우스(mG) 이상의 자기장	혈중 포도당 수치 상승	Litovitz et al., 1994

---

229 상세한 자료는 부록 7에 제시함.
230 상세한 자료는 부록 8에 제시함.

이 모든 것들이 전체적인 건강 상태에 부정적인 영향을 주고 있으며, 건강한 체중 유지를 더욱 어렵게 만든다.

EMF와 혈당

건강한 체중 유지를 위한 중요한 요건은 얼마나 잘 혈당을 조절하는 가에 달려있다. EMF는 일정한 혈당을 안정적으로 유지하는 능력을 엉망진창으로 만든다.

2008년 마그다 하바스(Magda Havas)의 연구 논문은 높은 수준의 유해전기는 당뇨환자들의 혈당 조절을 더욱 어렵게 하는 것을 보여준다.[231] 아이러니한 것은 대부분 병원의 지붕 위에 중계기 안테나가 설치되어 있을 뿐만 아니라 형광등을 사용하고 매우 높은 수준의 유해전기를 방출하고 있으니, 안타깝게도 혈당 조절이 쉽게 될 수 없는 일이다.

휴대폰의 경우, 뇌에서 포도당 수요를 증가시킨다는 것[232] 그리고 감소시킨다는 것[233], 두 상반되는 연구 결과가 있다.

캐나다 몬트리올 맥길대학교의 폴 에루스(Paul Héroux) 박사는 이 상반된 연구 결과를 한층 더 확대하고 있다. 에루스 박사의 연구는 EMF

---

231 ncbi.nlm.nih.gov
232 ncbi.nlm.nih.gov/pmc/articles/PMC3184892/ 그리고 ncbi.nlm.nih.gov/pubmed/22676902
233 ncbi.nlm.nih.gov

는 인체의 신진대사 조절 기준치를 변화시켜, 당뇨병의 발병 위험과 신경계에 직접적인 영향을 준다는 결과를 보여주고 있다.[234]

이 의미를 쉽게 설명하면, 휴대폰은 우리가 달콤한 음식을 먹었을 때 혀로 느끼는 미각과는 상관없이 혈당의 수치를 올리고 내리고 한다는 것이다.

EMF와 스트레스

이 둘의 관련성은 분명하다. EMF는 코티솔을 증가시키고 아드레날린 분비를 활성화시키고, 호르몬 체계를 엉망으로 만들어 더욱 불안에 빠지게 한다. 이러한 모든 것들을 "스트레스"라는 우산 아래 집결시킬 수 있다.

높은 수치의 코티솔은 허리 사이즈와[235] 매우 밀접하게 연관되어있으므로 EMF 노출을 줄이게 되면 결과적으로 건강한 체중을 유지하는데 도움이 될 수 있다.

대체 의학 치료사인 엘리자베스 플로어드(Elizabeth Plourde)는 EMF 노출은 거식증(Anorexia) 같은 섭식 장애와도 연관성이 있음을 보고하고

---

234 ElectricSense.com's EMF Experts Solutions Club에서 Lloyd Burrell과 Paul Héroux박사의 토론 내용. 보다 자세한 내용은 다음 사이트 참고: electricsense.com/. Paul Héroux박사의 연구 자료는 다음 사이트 참고: microwavenews.com/news-center/unified-theory-magnetic-field-action

235 unm.edu

있다.[236]

니콜 바바리치-마스텔러(Nicole Barbarich-Marsteller) 박사는 공동 연구자들과 함께한 연구 결과를 2013년 발표하면서 "거식증은 그 이면에 숨어있는 생화학을 이해하는 것이 매우 중요하다"고 지적했다. 그들은 쥐를 대상으로 하는 연구에서 거식증이 보이는 행동은 뇌의 해마(Hippocampus) 세포 발달에 나타나는 심각한 축소 현상과 관련이 있다는 것을 발견했다.

EMF는 해마에 있는 세포 수와 신경전달물질 GABA 기능을 감소시킨다. 그래서 거식증 행동은 EMF 방사선에 과도하게 노출됨으로 발생할 수 있는 또 다른 현상이다.

경고 #7: EMF는 심장에 피해를 줄 수 있다

FDA에서는 왜 심장 박동기(인공 심장)를 하고 있는 사람들은 휴대폰으로부터 멀리 떨어있도록 경고할까?[237] 이유는 휴대폰의 무선주파수(RF) 방사선이 그들의 생명을 유지시키는 전기적 펄스(박동)를 교란시키기 때문이다.

인간의 심장(인공이 아닌)도 전기로 움직인다는 사실을 상상해보라.[238]

---

236 Elizabeth Plourde 박사가 저술한 EMF Freedom에 나오는 내용. 다음 자료 참고. ncbi.nlm.nih.gov/pmc/articles/PMC3930623/

237 fda.gov

238 webmd.com

아마 구소련의 과학자들은 이러한 사실 때문에 30MHz~300GHz 주파수의 EMF는 너무 약해서 가열 효과를 일으킬 수 없지만 인간의 순환계(심장박동수와 혈압)와 신경계에 영향을 미칠 수 있다는 것을 주목했을 것이다.[239]

EMF가 심장에 영향을 줄 수 있을까? (RF)[240]

연구	무선주파수 방사선(V/m)		영향
A	0.05-0.22		↑ 심혈관 문제
B	0.43-0.61		↑ 심혈관 문제, 암
C	1.19		↑ 심장 칼슘 대사
D	3.07		↑ 심장 칼슘 대사
E	20		↑ 혈압, 심장 박동수
FCC 기준	61.4		

연구	무선주파수 방사선(SAR w/kg)		영향
F	0.00015 - 0.003		↑ 심장 칼슘 대사
G	0.48		↑ 심장 스트레스
H	1		↑ 심장 스트레스
I	1.2		↑ 심장 산화성 손상
FCC 기준	1.6		

239 Blank, M., PhD. (2015). Overpowered: The Dangers of Electromagnetic Radiation (EMF) and What You Can Do about It. Seven Stories Press.
240 상세한 자료는 부록 9에 제시함.

EMF가 심장에 영향을 줄 수 있을까? (MF)[241]

연구	자기장 방사선 (mG)		영향
J	0.00034		↑ 심장 박동수
K	24		↓ 심장 항산화물
L	42		↑ 심장 스트레스
M	373		↑ 혈압
N	800		↑ 혈압
ICNIRP 기준[242]	2000		

EMF와 혈압

의학학술지 란셋(Lancet)은 휴대폰으로 통화하는 것은 혈압을 5~10mm정도 높일 수 있다는 것을 보여주고 있다.[243]

EMF와 심부전

마틴 폴(Martin Pall)의 연구는 세포의 VGCC(Voltage Gate Calcium Channel) 붕괴로 인한 세포 내 과다한 칼슘과 산화 스트레스는 심부전의 주요 원인이 될 수 있다고 제시했다.[244]

---

241 상세한 자료는 부록 10에 제시함.
242 직업군 자기장(MF) 방사선 노출 비전이성방사선보호위원회(ICNIRP) 기준이 2,000mG이다. 다음 자료 참고. pse.com/safety/ElectricSaftey/Pages/Electromagnetic-Fields.aspx
243 thelancet.com
244 ncbi.nlm.nih.gov

EMF와 부정맥

휴대폰으로 20분 동안 통화하는 것은 32명의 건강한 학생들의 심장 박동수 변동을 증가시켰고, 이 영향은 통화 후에도 20분 동안 지속되었다. 마그다 하바스(Magda Havas)의 연구에서는 무선전화기에서 방출되는 무선주파수 방사선에 노출된 사람들에게도 동일한 현상이 나타났다.[245]

EMF와 동맥경화

칼슘 초과 현상은 동맥경화에 부분적으로 기여하고[246] 심장에는 EMF에 교란되는 특정 유형의 VGCC가 고밀도로 존재한다는[247] 사실을 고려한다면 동맥경화는 EMF와 밀접한 관련이 있을 수 있다.[248]

EMF와 염증

이는 아직 논쟁 중이긴 하지만, 심장병은 염증과 관련 있는 질병으로 여겨지고 있다.[249] 클링하트(Klinghardt) 박사의 연구에서는 EMF가 높은 환경에서 거주하는 사람들은 염증을 나타내는 다양한 생체지표(만성 염증과 호르몬 및 신경전달물질 파괴를 나타내는 TGF-Beta 1, MMP-9 그리고 구리)가 증가하는 현상을 보여주고 있다.[250]

---

245 magdahavas.com
246 heart.org
247 ucl.ac.uk
248 researchgate.net
249 docsopinion.com
250 Olga Sheean. 다음 링크에서 Dr. Klinghardt의 발표를 참고. youtube.com/watch?v=PktaaxPl7Rl&feature=youtu.be

경고 #8: EMF는 체내 독성물질을 증가시킬 수 있다

지금부터 해독작용, 독성물질, 그리고 독성부하에 관해 알아보자.

이러한 용어들은 옛날에 약장수들이 가짜 약을 판매할 때 자주 사용하곤 했다. 하지만 지금 우리는 옛날 할아버지 때보다 건강에 나쁜 영향을 주는 매우 다양한 유해 독성물질에 노출되어 있는 것이 사실이다. 이것을 나는 개인적으로 "독성부하(Toxic Load)"라는 용어로 표현한다.

독성부하는 양동이에 비유하면 이해하기 쉽다. 우리는 어머니로부터 받은 독성물질이 담긴 양동이를 가지고 태어났다. 그리고 이 양동이에는 200개에 가까운 모태 인공 화학물질이 처음부터 들어있다고 밝혀낸 몇몇 연구도 있다.[251]

그리고 일생 동안 숨 쉬는 공기, 먹는 음식, 마시는 물 등을 통해 다양한 독성물질들로 이 양동이를 점차적으로 가득 채우게 된다.

하지만 우리의 몸은 강력한 해독 기계다. 우리의 몸은 여러 값비싼 약초를 군이 구해서 먹지 않아도 자연스럽게 하루 24시간 일주일 내내 해독작용을 한다는 사실을 명심해야 한다.

말하자면, 많은 상황에서 우리의 몸은 간에서 해독되는 속도보다 더 빠르게 축적되는 DDT와 다이옥신 같은 난분해성 화학물질[252], 뼈에

---

251   scientificamerican.com
252   ncbi.nlm.nih.gov

축적되는 중금속[253] 등과 같은 독성물질을 제거하기 위해 고군분투하고 있다.

EMF는 여러 가지 방법으로 우리 몸의 양동이가 넘치고 힘든 부담이 될 때까지 더 빠르게 가득 찬 상태로 만들 수 있다.

EMF와 인체 해독 기관

EMF가 독성부하를 증가시키는 첫 번째 방법은 주요 해독 기관에 직접적인 영향을 주는 것이다.

간

"Radiation Nation"에서 기술하고 있듯이, 2014년 5월에 발표된 한 중국에서 이루어진 연구는 900MHz 휴대폰 전자파는 Nrf2(항산화 단백질 발현을 조절하는 단백질) 발현에 영향을 주고 산화성 상처를 유발하여 쥐(Rat)의 간에 피해를 줄 수 있다는 사실을 알아냈다.[254]

신장

임신한 쥐가 하루 60분 동안 각각 900MHz, 1800MHz, 2.45GHz 와이파이와 휴대폰 주파수에 노출된 경우 신장에 손상을 입은 새끼들을 낳았다.[255]

---

253 epa.gov
254 Daniel and Ryan DeBaun이 저술한 Radiation Nation에 나오는 내용. 다음 자료 참고. ncbi.nlm.gov/pubmed/24941847
255 Elizabeth Plourde 박사가 저술한 EMF Freedom에 나오는 내용. 다음 자료 참고. emf-portal.org/en/article/23656

방광

2014년에 이루어진 한 연구는 하루 8시간 동안 EMF 방사선에 노출된 쥐에서 심각한 방광 염증과 조직 손상이 발생했다는 증거를 발견했다.[256]

피부

"Radiation Nation"에 기술된 바에 따르면 랩톱에서 나오는 열과 방사선에 노출되면 피부에 홍반, 발진(Toasted Skin Syndrome: 노트북을 오랫동안 무릎에 올려놓고 작업했을 때 발생하는 발진 증세를 말하는 신조어), 영구적인 적갈색 과다색소침착증이 나타나는 것이 여러 연구에서 밝혀졌다.[257]

또한 EMF는 피부에서 히스타민 반응(뾰루지, 따끔거림 등)과 관련이 있다. 이는 음식 알레르기와 유사하다.[258]

EMF는 나쁜 물질을 유입시킨다

EMF가 인체의 독성부하를 직간접적으로 증가시키는 또 다른 몇 가지 방법이 있다.

첫 번째 방법은 인체의 뇌혈관 보호막과 기타 여러 보호막을 개방시

---

256 상동. brazjurol.com/br/july_august_2014/Koca_520_525.pdf
257 Daniel and Ryan DeBaun이 저술한 Radiation Nation에 나오는 내용. 다음 자료 참고. ncbi.nlm.gov/pubmed/22031654
258 ncbi.nlm.nih.gov

켜 막아야 할 나쁜 물질들을 들어가게 하고, 있어야 할 좋은 물질들을 나오게 하는 것이다.

EMF가 해독 작용에 영향을 줄 수 있나?[259]

연구	무선주파수 방사선(SAR W/kg)		영향
A	0.14		↑ 비장의 항체
B	0.38		↑ 간의 산화성 손상
C	0.6		↑ 신장과 간의 DNA 손상
D	0.88		↑ 간의 산화성 손상
E	1.2		↑ 간의 산화성 손상
F	1.2		↑ 신장의 산화성 손상
G	1.52		↑ 방광의 산화성 손상
H	1.6		↑ 간의 산화성 손상
FCC 기준	1.6		

두 번째 방법은 이빨 치료 때 넣은 아말감에서 용출되는 수은의 체내 농도를 증가시켜 마치 안테나처럼 무선주파수 방사선을 흡수하는 것이다.[260]

세 번째 방법은 포름알데히드, 소량의 감마선, 또는 곰팡이 독소(아플라 톡신)와 같이 널리 알려진 발암물질의 유해성을 증가시키는 것이다.[261]

---

259 상세한 자료는 부록 11에 제시함.
260 greenmedinfo.com
261 microwavenews.com

경고 9: EMF는 소화기관에 해를 끼칠 수도 있다

과학자들이 우리 몸의 내장 안팎에서 살아가는 수조에 이르는 박테리아를 "제2의 뇌"라고 부르는 이유가 있다.[262] 이 미세한 생물 없이 우리의 생명은 근본적으로 유지될 수 없다는 것이 지금까지 잘 알려져 왔기 때문이다.

이 책을 읽고 특히 내가 7장에서 제안할 내용을 주시하게 되면 휴대폰을 바로 귀에 대는 것에 대해 다시 한 번 생각하게 될 것이다. 나는 개인적으로 절대로 그렇게 하지 않는다.

"걱정할 것 없습니다. 내 머리는 무선주파수 방사선에 노출되지 않았습니다!"

하지만 여기서 생각해 봐야 할 것이 있다. 만약 EMF 방사선이 머리 주변에 관련된 모든 문제를 일으킨다면 "머리"를 "내장"으로 바꾸었을 때는 어떤 일이 일어날까? 하루 종일 위와 장으로부터 5cm 떨어진 상태에서 4G 핸드폰으로 문자를 주고받고 인스타그램을 한다면 어떨까?

---

262 scientificamerican.com

EMF와 장내 유익균

건강한 내장의 지표는 "좋은 박테리아"(약 85%)와 "나쁜 박테리아"(약 15%)의 적절한 비율이다.[263] EMF는 좋은 박테리아의 성장 속도를 늦추는 것으로 밝혀졌다.[264]

과학자들은 박테리아도 살아가는데 매우 낮은 수준의 EMF를 이용한다는 사실을 지금에 와서 알기 시작했다.[265] 그래서 박테리아가 우리처럼 EMF 수프에 완전히 노출되면 어떻게 해를 주고 건강에 부정적인 영향을 주는지 아직은 잘 모른다.

그렇다면 왜 우리는 내장에 있는 박테리아에 대해 관심을 가져야 하는가? 그 이유는 무엇보다 내장의 박테리아는 적어도 90%의 세로토닌(좋은 기분을 느끼게 하는 호르몬)을 생산하고[266], 나쁜 박테리아를 통제하며,[267] 비스페놀A(BPA)와 같은 해로운 화학물질을 중화시키고,[268] 비타민 K를 생산하기[269] 때문이다.

---

263 이 자료는 매우 단순화된 것이지만 우리 주장을 위해서는 충분하다. 다음 자료 참고. https://articles.mercola.com/sites/articles/archive/2011/09/24/one-of-the-most-important-steps-you-can-take-to-improve-your-health.aspx

264 marioninstitute.com

265 s3.amazonaws.com

266 caltech.edu

267 ncbi.nlm.nih.gov

268 greenmedinfo.com

269 bodyecology.com

EMF와 침입자

EMF는 체내 좋은 박테리아를 약화시키고 바이러스나 기생충 같은 잠재적인 침입자들을 더욱 강하게 함으로써 내장에 더블 펀치를 가하는 것과 같다.

1997년에 이루어진 한 연구는 유럽의 가정용 배선에서 나오는 50Hz 자기장 노출이 휴면 상태인 엡스타인 바(Epstein Barr) 바이러스를 활성화시킨 놀라운 결과를 보여줬다.[270]

디트리히 클링하르트(Dietrich Klinghardt) 박사의 연구는 칸디다(Candida) 균과 곰팡이 증식 배지가 EMF에 노출되었을 때 600배나 더 많은 바이오톡신(Biotoxins)을 생산해낼 수 있다는 것을 보여 주었다.[271] 이 미세한 침입자는 보이지 않는 신호에 위협을 느끼고 자신을 보호하기 위해 가능한 한 많은 독을 생산했던 것으로 보인다.

효모균이 EMF에 노출되었을 때 더 빠르게 자라고 더 강력해지며, 유해 가능성이 더욱 높아진다는 다른 두 편의 연구도 있다.[272] 또한 타헤리 등(Taheri et al.)은 2017년에 대장균(E. Coli)과 리스테리아(Listeria)가 휴대폰이나 와이파이 신호에 노출되면 항생제에 내성이 생긴다는 놀라운 연구 결과를 발표했다.[273]

---

270 ncbi.clm.nih.gov
271 it-takes-time.com
272 ncbi.nlm.nih.gov and ncbi.nlm.nih.gov
273 ncbi.nlm.nih.gov

이러한 사실 때문에 내가 곰팡이 독소, 캔디다 균, 기생충 감염이 확산된다고 주장하는 세계 최고 수준의 대체 의학자들을 계속 접촉하게 되는 것일까?

EMF와 자가 면역 질환

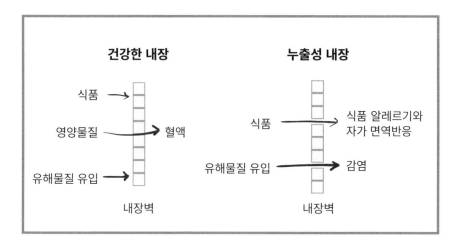

만약 EMF가 뇌혈관 보호막에 손상을 일으켜 신경전달물질을 빠져나가게 하고 해로운 물질을 들어오게 한다면, 아마 내장기관에도 같은 작용을 할 가능성이 높다. 왜냐하면 내장은 매우 얇은 세포층으로 된 보호막으로 싸여있고 단백질과 같은 커다란 입자는 통과하지 못하게 하고 영양소만 혈액 속으로 겨우 통과시킬 정도이기 때문이다.

이 주제에 대해 지금까지 이루어진 연구가 전혀 없는 것처럼 보이지만, 잭 크루스(Jack Kruse) 박사와 같은 건강 분야의 선구자적 이론가들은 EMF는 "손상으로 인한 누출성 내장"이라 알려진 장 투과성 문제의 주요 원인이라 확신하고 있다.[274]

만약 이것이 사실이라면, 이는 EMF가 오늘날 우리가 접하고 있는 음식물 알레르기와 셀리악(Celiac), 크론병(Crohn's), 루퍼스(Lupus), 하시모토(Hashimoto), 류머티즘(Rheumatoid) 관절염과 같은 자가 면역 질환의 폭발적 증가의 많은 원인 중 하나에 해당될 수도 있다. 왜냐하면 이러한 질병들은 누출성 내장으로 발병하거나 더욱 악화될 수 있기 때문이다.[275]

여기까지가 내가 할 수 있는 것 같다. 그러나 어쩔 수 없다. 어찌되었든 이것이 내가 할 수 있는 '가이드'이고 지난 4일 연속 40시간이나 글을 썼다. 이제는 등도 아프다.

EMF와 라임병

나는 EMF가 미국과[276] 유럽 전역[277]에서 나타나고 있는 라임병(Lyme Disease)의 급속한 증가와 관련이 있을 수 있다고 생각한다(여기서 말하는 나의 생각은 의료실무자들, 그리고 건강 마니아들과 함께 토론한 것을

---

274 jackkruse.com

275 자가 면역 질환 치료에 선구자 중 한 사람인 Tom O'Bryan 박사에 따르면. 그가 저술한 다음 책을 참고. amazon.ca/dp/B01COAID48/ref=dp-kindle-redirect?_encoding=UTF8&btkr=1

276 npr.org

277 ecdc.europa.eu

근거로 하고 있다).

EMF는 사람들이 좀 더 쉽게 라임병에 감염되도록 하는가? EMF는 라임 박테리아를 더욱 강력하고 위험하게 만드나? 아니면 EMF로 인해 많은 사람들이 라임병과 유사한 증상을 나타내게 될까? 현재로서는 이에 대한 답을 할 수 없다. 하지만 이러한 관련성은 추가 연구를 필요로 하는 흥미로운 주제다.

경고 10: EMF는 어린이에게 유해할 수 있다

EMF가 어린이에게 영향을 줄 수 있나? (RF)[278]

연구	무선주파수 방사선(V/m)		영향
A	0.11-0.27		↑ 두통, 산만
B	0.33-1.02		↑ 주의력 결핍 및 과잉 행동 장애(ADHD)
C	0.78		↓ 기억, 집중
D	0.87-5.49		↑ 소아 백혈병
E	0.87-5.49		↓ 백혈병 생존율
F	2.17		↑ 신장 발달문제
G	25-35		↑ 뼈 성장 문제
FCC 기준	61.4		

---

278   상세한 자료는 부록 12에 제시함.

연구	무선주파수 방사선 (SAR W/kg)		영향
H	0.6-0.9		↑ 뼈 성장 문제
I	1.6		↑ 주의력 결핍 및 과잉행동 장애(ADHD)
FCC 기준	1.6		
J	1.98		↑ 뇌파 교란

EMF가 어린이에게 영향을 줄 수 있나? (MF)[279]

연구	자기장 방사선 (mG)		영향
K	2		↑ 백혈병 발병 위험
L	2		↑ 백혈병 발병 위험
M	4		↑ 어린이 3대 암 발생 위험률
N	10		↑ 심장 발달 장애
O	15		↑ 비만
P	30		↑ 심장 발달 장애
ICNIRP 기준	2000		

나는 이와 관련하여 좀 심한 비난을 받을 것이다. 왜냐하면 어린이 건강에 관한 것은 유해한 것이나 좋은 것이나 상관없이 토론만 있을 때면 모두 감정적이 되고 화를 잘 내기 때문이다. 암튼 나는 진실을 말하기 위해 여기 존재하기 때문에 이런 것은 상관하지 않겠다.

---

279 상세한 자료는 부록 13에 제시함.

EMF가 어린이에게 영향을 줄 수 있나? (기타 연구)[280]

밝혀진 사실	연구 논문
환경으로부터 흡수되는 납(Lead)이 휴대폰 노출과 결합되면 ADHD 위험을 증가시킴.	Byun et al., 2013
유아들의 휴대폰 사용과 행동 장애 사이의 연관성	Divan et al., 2012
어린이 두개골은 어른보다 훨씬 더 많은 방사선을 흡수	Gandhi, 2015
10세 어린이들은 어른보다 153%나 더 많은 방사선을 흡수	Gandhi et al., 2012
휴대폰을 사용하는 11~15세 어린이들은 두통, 편두통, 피부가려움증 위험 증가	Chiu et al., 2015
십대들의 휴대폰 사용은 행동장애 문제를 증가시킴	Thomas et al., 2010
낮은 노출 상태의 휴대폰 사용도 뇌종양 발생 위험을 증가시킴	Söderqvist et al., 2011
어린이 휴대폰 사용과 뇌종양 발생 또는 위험 증가 사이의 양의 상관관계	Morgan et al., 2012
자기장과 소아 백혈병의 관계는 인체발암가능 물질임을 보여줌	Schuz et al., 2016
20세 이전 휴대폰 사용 십대들은 뇌종양 발병 위험이 500% 증가	Hardell & Carlberg, 2013

EMF 전문가인 다니엘 드바운(Daniel DeBaun)은 다음과 같이 설명한다. "이것은 성인보다 어린이의 신체가 수분 함량이 더 높기 때문이

---

280   상세한 자료는 부록 14에 제시함.

다."[281] 이제 왜 뇌가 발달하는 과정에 있는 어린이에게 휴대폰을 주는 것이 아주 나쁜지 알 수 있을 것이다. 이러한 이유로 아마 크리스마스 때 아이에게 아이포티(iPotty)를 사주고 싶지 않을 것이다.

지금까지 언급한 모든 사항들은 어린이들에게도 적용된다. 하지만 무섭게도 어린이에게는 그 영향이 기하급수적으로 증가한다. 왜냐하면 어린이들의 몸은 성인보다 단위 몸무게 당 60%나 더 많은 에너지를 흡수하기 때문이다. 한 살배기 아이의 몸은 약 두 배를 흡수할 수 있다.[282]

EMF와 임신

아마 나는 엄마 배 속에 있었던 1987년 여름에는 EMF 영향이 거의 없었던 환경을 즐겼을 것이다. 나는 그저 헤엄치고 내가 할 일을 하며 건강한 세포로 성장하면 되었다. 하지만 지금은 엄마들의 자궁 환경이 바뀌었다.

임신기간 중 EMF로 인한 첫 번째 위험은 16mG[283] 이상의 자기장에 노출될 경우 유산 가능성이 높아지는 것이다. 아직 명확한 연구 결과는 없지만 무선주파수 방사선에 노출되거나[284] 전기담요를 사용하는

281 As reported by Daniel and Ryan DeBaun in Radiation Nation. 다음 자료 참고 dx.doi.org/10.1016/j.pathophys.2013.03.001

282 Daniel and Ryan DeBaun이 저술한 Radiation Nation에 나오는 내용. 다음 자료 참고. webarchive.nationalarchives.gov.uk/20101011032547/http://iegmp.org.uk/documents/iegmp_6.pdf

283 ncbi.nlm.nih.gov

284 ec.europa.eu and ncbi.nlm.nih.gov

경우도[285] 유산 가능성은 높아지는 것으로 보인다.

그리고 연약한 태아는 엄마가 노출된 EMF 환경 또는 엄마 배 가까이에서 사용하는 휴대폰에서 방출되는 EMF에 의해 성장이 느려지는 위험에 처하게 된다.

동물 연구에서 EMF는 태아 성장의 모든 현상과 관련된 것으로 밝혀지고 있다.

- 신장 발달[286]
- 뼈 성장[287]
- 혈관계 성장[288]

이 정도는 놀랄 일이 아니다. EMF가 성인에게 영향을 준다는 사실이 많은 연구에서 입증되었듯이 태아 성장의 여러 과정에도 역시 영향을 준다. 예를 들어 임신기간 전체를 통틀어 태아는 1분당 250,000개의 신경세포를 만들어 내는데 이 부분에도 당연히 영향을 줄 수 있다.[289]

아이러니하게도 임신이 진행되면서 아기의 몸집은 커지게 되고, 점점 엄마의 배를 팽창시키기 시작하면서 EMF 노출 수준은 훨씬 강해진다.

---

285   onlinelibrary.wiley.com
286   ncbi.nlm.nih.gov
287   emf-portal.org
288   emf-portal.org and emf-portal.org
289   ncbi.nlm.nih.gov

EMF와 신생아

자궁에서 EMF 노출은 당연히 신생아에 나타나는 결과로 이어질 수 있다. 사람과 동물 연구는 자궁에서 EMF에 노출된 태아는 매우 다양한 질병에 시달릴 수 있음을 보여준다.

- 2.5mG(비교적 낮은 수준) 이상의 자기장 노출은 소아 비만의 위험이 두 배로 증가하는 것과 밀접한 관계가 있다.[290]
- 임산부가 노출되는 자기장 수치가 1mG 증가할 때마다 훗날 태어난 아이에게 천식이 발병할 확률이 15%나 더 높아진다.[291]
- 자궁의 EMF 노출과 태어난 아이의 신경계 변화에 관한 연구가 너무 많아서 좀 더 다루어야 하겠다.

EMF와 ADHD(주의력 결핍 과잉행동장애)

EMF는 뇌혈관 보호막의 투과성을 높인다. 뇌에 신경전달물질을 줄어들게 한다는 사실이 분명하고 이것이 결국 주의력 결핍 과잉행동장애(ADHD)로 이어진다.[292]

엘리자베스 플로어드(Elizabeth Plourde)는 2008년 출생 전(임신 중)과 출생 후(출산 후)에 휴대폰 방사선에 노출된 13,000여 명의 엄마들과 출산한 아이들을 대상으로 연구한 논문을 발표했다.

---

290 microwavesnews.com
291 jamanetwork.com
292 ncbi.nlm.nih.gov

태아 발달과정(임신 중)이나 출생 후 7살까지, 두 경우 모두 휴대폰 사용에 노출된 어린이들은 전반적인 행동장애문제 발생 가능성이 높다는 사실이 이 연구에서 확인되었다.

이 연구는 출생 전과 후의 휴대폰 노출은 취학 전 어린이들의 정서적 및 과다활동 문제와 같은 행동장애 유발과 관련이 있으며, 출생 후 노출은 관련 정도가 출생 전에 비해 다소 약하다는 결론을 내놓았다.[293]

자궁 내 그리고 유아기에 휴대폰 방사선에 노출된 또 다른 28,000여 명의 어린이도 같은 결과를 보였다.[294]

샘 밀햄(Sam Milham)[295]과 마그다 하바스(Magda Havas)[296]의 연구에서 높은 수준의 유해전기와 어린이들의 행동 문제 사이의 강한 연관성이 발견되었다.

밀햄은 한 초등학교 4학년 교사가 특수 필터를 사용하여 교실에서 유해전기를 제거하는 순간 학생들은 즉시 변화를 보였다는 연구 사례를 보고했다. 그 교사는 "필터 삽입과 제거(사용 여부)로 유해전기 방출을 변화시켜 아이들의 행동을 단 30분에서 45분만에 바꿀 수도 있다"는 놀라운 사실을 확인했다.

---

293 상동. ncbi.nlm.nih.gov/pubmed/18467962
294 상동. ncbi.nlm.nih.gov/pubmed/21138897
295 Milham, S., MD. (2012). Dirty Electricity: Electrification and the Diseases of Civilization. iUniverse
296 stetzerelectric.com

우리는 50여 개의 아이패드로 가득찬 방에서 아이들을 가르치면서 ADHD를 일으키는 것은 아닐까? 앤드류 골드우드(Andrew Goldswood) 박사와 같은 많은 EMF 활동가들은 그렇게 생각한다.[297] 2013년 미국 로스앤젤레스에서 13억 달러를 들여 50만 개의 아이패드를 구입했을 때, 여기서 나오는 EMF가 오히려 어린이들을 "학습 불가능"으로 만든 원인이 되지 않았는지 궁금해진다.[298]

EMF와 자폐증

오늘날 급증하는 자폐증 유발 요인이나 원인을 말하는 것은 어떤 부모들에게는 뺨을 때리는 것이 될 것이다.

아래 설명은 내 개인적인 의견이 아니라는 사실을 밝혀둔다. 모든 자료는 자폐아들과 그 가족들의 삶을 향상시키기 위한 해결책을 찾길 바라는 과학자들의 연구에 근거하고 있다.

EMF와 자폐증의 관계를 설명하기 위해 먼저 이 분야에서 가장 선구자인 세 사람을 소개하겠다.

디트리히 클링하르트(Dietrich Klinghardt) 박사

"지난 2001년 디트리히 클링하르트 박사는 그의 사무실과 가까운 시애틀 외곽에 본부가 있는 마이크로소프트사 직원들의 자녀들 중에는

---

297 emfacts.com
298 wired.com

자폐증 발병률이 높다는 사실을 인식하기 시작했다."라고 EMF 활동가이자 투자 전문가인 피터 설리번(Peter Sullivan)이 말한다.

클링하르트 박사는 빌딩생물학 기사와 함께 일하면서 자폐아가 있는 가정은 무선기기 방사선 수치가 놀라울 정도로 높다는 것을 알게 되었고, 현재 자폐아 방지 및 회복 프로그램의 일환으로 무선기기로 인한 전기장 경감을 위한 노력을 하고 있다. 그가 제시하는 엄격한 가이드라인을 부모들이 따르면 약 6개월 이내에 효과를 보고 완치될 수도 있다.

2012년에 제작된 비디오[299]에서 클링하르트 박사는 EMF와 자폐증의 연관성은 아주 명확하기 때문에 임산부 침실의 EMF 수치만 측정해도 자폐아 출생 위험을 거의 정확하게 예측할 수 있다고 자신 있게 말하고 있다.

마틴 폴(Martin Pall) 박사

마틴 폴 박사는 지금 퇴직한 상태이지만 왕성하게 활동하고 있다. 2015년 자폐증 컨퍼런스 발표에서 그는 자폐증과 손상된 VGCC(앞에서 설명한 세포 내로 과다 칼슘이 유입되는 현상) 연관성에 관해 명확하게 보여 주었다.[300]

---

299 youtube.com
300 youtube.com

나는 개인적으로 유튜브에 올려져 있는 폴 박사의 강연은 모두 들어 봤다. 폴 박사는 자신이 주장하는 사실 배경에는 항상 확실한 과학적 근거를 갖고 인과 관계를 분명히 밝히는 매우 보수적인 성향인 사람이라고 나는 자신 있게 말할 수 있다.

그러한 사고를 가진 폴 박사가 "자폐증이 급증하는 것은 EMF 노출이 원인일 가능성이 크다"라고 말하고 있다. 세포 내 과도한 칼슘은 염증성 과부하, 손상된 뉴런의 형성, 뇌혈관 보호막 파괴, 그 외 자폐아들이 영향을 받을 수 있는 여러 가지 과정에 영향을 준다.

신디 세이지(Cindy Sage)와 토릴 젤터(Toril Jelter) 박사

젤터와 세이지는 자폐아들이 낮은 EMF 환경에서 믿을 수 없을 정도로 빠르게 회복되는 것을 보고, 자폐아를 위한 특별 계획안(Protocol)을 개발했고 이것은 현재 온라인의 자폐증 서클에서 자주 인용되고 있다.

이들의 조언은 매우 간단하다. 최소 하루 12시간 동안(야간에)은 아이들 침실의 전기 회로를 차단함과 동시에 무선주파수를 방출하는 와이파이 라우터, 베이비 모니터, 무선전화기 등의 스위치도 끄도록 하는 것이다.[301]

이 간단한 변화만으로도 일부 자폐아들에게 나타나는 결과는 믿을 수

---

301 clearlightventures.com

없을 정도다. 자폐아의 80% 정도는 약 2주 만에 효과가 나타난다.

내가 여기서 EMF가 자폐증의 유일한 원인이 된다는 확실한 증거를 말한 것은 아니다. 아직 결정을 내리기엔 이른 감이 있다. 하지만 낮은 EMF 환경이 대부분의 자폐아들을 회복시킨다는 증거는 무시할 수 없으며 앞으로도 더욱 많은 검증이 필요하다.

사실은... 우리는 아무것도 모른다는 것이다

이 책에 있는 수천 개의 단어 중 적어도 하나는 욕설로 써야겠다고 생각했다. 아마 아이들에 대한 이야기를 하느라 아직도 좀 흥분했기 때문일 것이다.

여기서 보자면, 사실 EMF가 어떻게 우리에게 영향을 미치는지 정확하게 알지 못한다는 것이다. 과학도 모른다. 연방통신위원회(FCC)도 모른다. 그리고 휴대폰 제조업체들조차도 전체 그림을 확실히 알지 못한다. 만약 안다고 하면 그들은 똥줄이 탈 것이다.

다음과 같은 질문에 명확한 답변을 할 수 있도록 더 많은 연구가 필요하다.

1) EMF의 영향은 누적되는가?

우리는 엑스선과 다른 영상 기술의 노출은 축적된다는 것을 알고 있다. 그렇기 때문에 가능한 한 사용을 제한해야 하는 것이다.[302] 그것이 1950년대에 사람들의 신발 사이즈를 측정하기 위해 발에 엑스선을 쪼였던 것을 중단한 이유다.[303]

마틴 블랭크(Martin Blank)는 "EMF 영향은 노출되는 전체 기간을 통해 누적된다."라고 경고한다.[304] 그렇다면 우리는 와이파이 사용을 의학적으로 필요한 경우를 제외하고 제한해야 하는가?

2) 연구자들은 어떻게 지금의 EMF 노출을 연구할 것인가?

연구 결과가 나올 때쯤 되면, 우리는 이미 새로운 휴대폰의 두 세대나 뒤로 밀려있게 된다. 그 연구는 그 시점에서는 거의 효력이 없다. 만약 우리가 노출되는 기기들의 수가 계속해서 기하급수적으로 증가한다면 어떻게 우리의 노출을 제대로 연구할 수 있을까?

3) 우리 침실의 현재 EMF 수준은 얼마나 되나?

유치원의 EMF 수준은 어떨까? 지붕에 20여 개의 중계기 안테나가 설치되어 있는 맨 위층에 있는 병실은 어떨까? 수백 달러를 들여 EMF

---

302 medicalnewstoday.com
303 gizmodo.com
304 Blank, M., PhD. (2015). Overpowered: The Dangers of Electromagnetic Radiation (EMF) and What You Can Do about It. Seven Stories Press.

측정기를 사서 알루미늄 포일 모자를 쓰고 측정하지 않고서는 답을 할 수 있는 방법이 없다.

4) 향후 20년 이내에 우리는 어떤 수준의 EMF에 노출될 것인가?
모든 사람들은 와이파이에서 나오는 비전이성 방사선은 아무런 영향이 없다고 믿고 있다. 그래서 우리는 아무런 신체적 이상도 없이 잘 지내고 있다. 그렇다고 생각하나요?

5) 구글이나 페이스북과 같은 기업들이 원하는 방식으로 전 지구를 하루 24시간 일주일 내내 와이파이로 강타할 경우 어떤 결과가 발생할 수 있을까?
그들의 담대한 전략은 모든 인류 개개인에게 1 Mbps의 인터넷 연결을 제공하는 것이다. 하지만 어떤 대가를 치러야 하나?

6) 이웃집 와이파이 때문에 잠을 잘 수 없다면, 이웃집에 밤에는 와이파이 라우터를 끄라고 할 수 있는 법적 권리가 있나? 간접 EMF는 간접흡연처럼 취급되어야 하나?
불과 몇 십 년 전만 해도 기내 흡연 때문에 승객들이 비행 후 검정 타르 기침을 하더라도 비행기 내에서 흡연하는 것은 허용되었다.[305] 1973년에 와서 겨우 비행기에서 금연 구역 설정을 의무화하는 정도

---

305 nytimes.com

였다.[306]

7) EMF에 노출된 사람이 아무도 없을 때(다시 말하면 대조군이 없을 때) 어떻게 EMF 노출에 대한 연구를 제대로 할 수 있을까?

내 말은 지금 아미쉬(Amish: 현대 문명을 거부하고 소박한 농경 생활을 하는 미국의 한 종교 집단)조차도 EMF에 노출되고 있다.[307] 앞으로 몇 년 내에 휴대폰을 전혀 사용해 본 적이 없는 사람을 지구상에서 찾을 수 있을까?

8) 서로 다른 주파수 신호, 다른 종류의 신호 변조, 펄스 속도 및 고조파 등을 함께 혼합하면 어떻게 될까? 이 모든 것이 우리 세포가 EMF에 반응하는 방식을 바꿀 수 있을까?

불규칙한 펄스 EMF(휴대폰에서 나오는 것과 같은)는 연속적이고 부드러운 전자파보다 더 위험할 수 있는 것으로 밝혀졌다.[308] 유능한 EMF 엔지니어에 따르면, "현재 널리 사용되는 변조 시스템은 약 20개이며, 여기에 50개 이상의 전문 시스템이 더 있다"고 한다. 이 각각의 EMF 신호 인코딩 방법은 우리 세포에 미치는 영향을 달리할 수 있다.[309]

---

306 sourcewatch.org
307 lancasteronline.com
308 mafdahavas.com
309 다음 사이트에서 발췌. mieuxprevenir.blogspot.ca/2017/02/antenna-sickness-is-everywhere-now.html. 이것은 2016년 영국 라디오 엔지니어 Alasdair Philips가 동료들에게 보낸 편지에 나오는 자료. 그는 무선주파수 신호를 감

9) 조금 전에 분명히 요점을 밝혔음에도 왜 나는 계속해서 질문을
   하고 있을까?

미안하게도… 내가 좀 흥분하는 경향이 있다.

진짜 중요한 질문은, 과학은 계속 연구만 하고 있는데 안전 수칙이 현
실적 위험을 고려하기 전까지 "우리는 젠장 EMF에 대해 어떻게 대처
해야 하나?"라는 것이다.

지하는데 사용하는 브로드밴드 오디오 마이크로웨이브(Broadband Audio
Microwave) 탐지기인 Acoustimeter를 발명한 천재다.

제6장

교차로

더 많은 연구가 필요하다
EMF 관리를 강화하는 국가들
어느 정도가 안전한가?

더 많은 연구가 필요하다

나는 EMF 엔지니어 다니엘 드바운(Daniel DeBaun)이 하는 여러 인터 뷰 내용을 들을 때마다 항상 입이 쩍 벌어진다.

세계적인 담배 회사 필립 모리스의 전 CEO 죠셉 컬맨(Joseph Cullman)은 흡연과 폐암의 명백한 관계에 대해 질문을 받았을 때 언론과 법정, 그리고 대중들에게 답하면서 "성경에 손을 올리고"라는 말로 시작하였다.

죠셉 컬맨은 출산을 앞둔 임산부들에게 다음과 같은 황당한 정보도 주었다.[310]

"흡연 여성에게서 태어나는 아기들이 더 작은 것은 사실입니다. 하지만 그 아기들도 비흡연 여성에게서 태어나는 아기들처럼 건강합니다. 어떤 여성들은 더 작은 아기를 원하기도 합니다. ***모두 배꼽 잡음***"

내 말은, 그 친구는 산부인과 의사였어. 자신이 무슨 말을 하고 있는지 분명히 알았을 거야!

담배 산업계는 정책 입안자와 정치인 그리고 대중들을 애매모호하게 하는데 매우 성공적이어서 "담배 과학(Tobacco Science)"이라는 신조어를 만들어 낼 정도였다. 이 신조어는 현상 유지를 통해 산업계 이익을 창출하는 과학이라는 의미로 사용된다.

---

310 youtube.com

물론 이것은 통신 산업계가 지난 40여 년 동안 계속해서 말해 온 "우리는 더 많은 연구가 필요하다"를 연상시킨다. 통신 산업계는 엄청난 규모의 제약 산업계보다 몇 배나 더 크다.[311]

FDA를 비롯한 기타 관련 당국들은 이런 표현을 더욱 직설적으로 한다. 그들은 휴대폰의 위험성이 확실히 증명되지 않는 한 소비자를 보호하기 위한 행동은 절대로 하지 않을 것이다.[312] 그들의 일이 아닌 것이다.

그리고 기업이 나서서 스스로 안전한 EMF 방사선 양을 방출하는 통신기술을 가졌다고 주장하고 있다. 하지만 유감스럽게도 이것 역시 믿을 수 없고, 그들의 일이 아닌 것이다.

"Radiation Nation"을 보면 베스트셀러 작가이자 바이오 해커인 데이브 아스프레이(Dave Asprey)의 다음과 같은 이야기가 나온다. 그는 세계적인 가상현실 회사의 최고 기술 책임자들과 함께하는 행사에 참석한 적이 있었다. 그 행사에서 그는 "당신들이 만든 제품이 인간의 뇌에 안전하다는 것을 확인하는 중요한 책임은 누가 맡고 있느냐"고 최고의 엔지니어들로 구성된 아주 대단한 팀을 상대로 물었다. 이 질문에 대한 그들의 답은 간단하면서도 비굴했다. "아무도 하지 않아요.

---

311 2016년 기준으로 글로벌 제약산업 규모는 1.05조 달러에 달한다(www.fool.com). 반면 통신산업은 미국만으로도 2020년도 되기 전에 1.3조 달러에 달할 예정이다(http://www.marketwired.com).

312 pbs.org

우리가 염려할 일이 아니죠."[313]

우리는 지금 선택의 교차로에 서 있는 것이 분명하다. 이제 우리가 가야 할 방향을 신중하게 선택해야 한다.

선택 #1: "증명될 때까지 기다리기" 접근 방식

아무 대책이 없는 근본적인 이유는 무선통신 산업계가 앵무새처럼 반복하고 있는 "유해하다는 결정적인 증거가 없다"라는 밈 (Meme: 비유전적 모방 문화 요소) 때문이다.

- 마틴 블랭크(Martin Blank) 박사

우리는 다 자란 성인이다. 그래서 우리는 지금까지 이 책에서 읽었던 모든 것들을 무시하고 생활할 수 있는 충분한 권리가 있다. 또 EMF가 얼마나 "증명되지 않은" 과학인지 페이스 북에 재기 넘치는 호언장담을 할 수도 있고, 이 책에서 다루는 모든 이슈들이 "비과학적"이라 해도 좋고, 이 책 저자인 내가 얼마나 엉터리인지 세상 사람들에게 떠들어도 된다. 최소한 그중 일부는 맞을 것이다.

---

313 DeBaun, D. and DeBaun, R. (2017). Radiation Nation: The Fallout of Modern Technology — Your Complete Guide to EMF Protection & Safety: The Proven Health Risks of Electromagnetic Radiation (EMF) & What to Do Protect Yourself & Family. Icaro Publishing.

이슈	최초 경고 시기 "잠깐, 심각한 문제가 될 것 같아!"	정책 변경 시기 "이 사건을 왜 빨리 방지하지 못했지?"	걸린 시간	피해
석면	1906[314]	2005년 전면 금지(유럽연합)	총 99년[315]	• 미국에서만 지금도 연간 1만여 명 사망
휘발유에 함유된 납 (유연 휘발유)	1925[316]	1996년 전면 금지(미국)[317]	총 71년	• 독성 납으로 오염된 어린이 6천 8백만 명[318] • 납에 의한 심장 질환으로 연간 5,000여 명 사망 • 유연 휘발유 사용 기간 동안 IQ 수치 눈에 띄는 감소 • 20세기 강력 범죄율 증가
트랜스 지방	1958[319]	2018년 금지 예정(미국)[320]	총 60년	• 연간 심혈관 질환 사망 42,174명[321] (60년 후 2백 5십만 명 사망에 이를 것으로 추정)
수돗물의 PCE	1925	2022년 금지 예정 (프랑스)[322]	총 97년	• 신장암 • Non-Hodgkin 림프종 • 심장 결함(발생 건수 불분명, 지 금도 논쟁이 계속되고 있음)
흡연	1949[323,324]	1995년 공공장소 흡연 금지 처음 실시 (캘리포니아 주)[325]	현재 진행 중	• 폐암으로만 연간 1.5~2백만 명 사망, 지금도 계속되고 있음[326]

314 asbestos.com
315 europa.eu
316 eionet.kormany.hu
317 worstpolluted.org
318 wired.com
319 fda.gov
320 nytimes.com
321 arstechnica.com
322 chemicalwatch.com
323 tobaccocontrol.bmj.com
324 흡연의 위험에 관한 경고문은 1602년까지 거슬러 올라가 찾아 볼 수 있지만
     ncbi.nlm.nih.gov/pubmed/15198996
325 en.wikipedia.org
326 tobaccocontrol.bmj.com

정부나 공식 기관이 안전하다고 하는 말을 맹목적으로 믿고, 개인적으로는 아무 생각도 행동도 안 하는 것이 "증명될 때까지 기다리는 접근 방법"이다. 왜냐하면 그들이 언젠가는 알아낼 것이니까.

불행하게도, 이러한 접근 방식은 "끔찍한" 결과를 가져온다는 것을 근래에 일어난 사건들이 보여주고 있다. 이렇게 말하는 것조차 매우 절제된 표현일 것이다.

이렇게 불길하고 우울한 이야기로 기분을 망쳤을 것이다. 미안하지만 그래도 예를 하나 더 들어볼까 한다. 나는 엘리자베스 플루어드(Elizabeth Plourde)의 훌륭한 저서에서 어떻게 인간 본성에는 세상일을 바로 잡지 못하고 내버려 두는가에 관하여 다음과 같은 내용을 읽었다.[327]

1840년대 즈음, 이그나즈 젬멜와이스(Ignaz Semmelweis) 박사는 의사들이 죽은 사람의 시체를 부검한 후에 산모들의 출산을 돕게 되면 산모들이 산욕열(산후 감염)로 사망하는 사건이 계속해서 일어나고, 이렇게 사망하는 산모가 20% 정도나 된다는 것을 알게 되었다.

그래서 젬멜와이스 박사는 시체 부검 후 출산을 도우러 갈 때는 꼭 손을 씻도록 하는 실험을 했다. 이 간단한 행동으로 인해 사망하는 산모의 숫자를 1%로 감소시켰다.

---

327 Plourde, E., PhD, and Plourde, M., PhD. (2016). EMF Freedom — Solutions for the 21st Century Pollution - 3rd Edition. New Voice Publications.

"하지만, 당시에는 박테리아는 볼 수 없었기 때문에 의사들은 자신들이 환자들을 감염시키고 있다는 것을 믿지 않았다. 손을 씻는 것이 생명을 구하기 위한 필수적이고 상식적인 사항으로 채택되기 전까지 이후 30년 가까이 산모의 20%를 계속 사망에 이르게 해오고 있었던 것이다."

"불행하게도 그 이야기의 끝은 더욱 비극적이다. 젬멜와이즈 박사는 생명을 구한 그의 대단한 연구가 상식으로 받아들여지는 것을 눈으로 보기도 전에 정신병원에서 사망했다."

그렇다고 내가 정책 입안자들은 항상 엉터리고 그들이 안전하다고 하는 모든 것들이 실제로는 안전하지 않다고 주장하고 있는 것은 결코 아니다.

내가 말하는 것은 우리가 지난날의 과오로부터 깨달은 것이 있다면, 우리는 초기에 나타나는 경고 사인들을 눈여겨 봐야한다는 것이다. 예를 들어 수천 편에 달하는 연구 논문이 낮은 수준의 EMF가 인체에 해로울 수 있음을 지적하고 있으면 우리는 당연히 예방 조치를 취해야 한다는 것이다.

하지만 예방 조치를 취하기는커녕, 현재 EMF 노출 정도가 기하급수적으로 증가하고 있으며, 게다가 우리는 모든 네트워크를 5G로 업그레이드할 준비를 하고 있다. 이는 우리가 사용하고 있는 휴대폰 안테나 수가 어마어마하게 늘어난다는 의미다. "사물 인터넷" 덕분에

2020년경[328]에는 500억 대의 새로운 장치들을 연결할 수 있게 될 뿐만 아니라 심지어 우리는 인공위성이나 거대한 풍선을 이용해 지구 전체에 있는 모든 동식물 그리고 살아있는 모든 생명체에게 지속적인 EMF 신호를 보낼 계획을 세우고 있다.

구글 프로젝트 룬(Loon): EMF가 인체 건강에 얼마나 유해한지 밝혀내기 전에, 전 지구에 사는 모든 인간을 EMF로 뒤덮어 버리자!

이 소리들이 독자들의 귀에는 전혀 "조심하라는 경고"로 들리지 않는다고 내가 순진하게 표현해도 될까요?

선택 #2: 사전예방의 원칙

사전예방의 원칙은 심각한 위협에 직면하였을 경우 과학적 확실성이 부족하다고 해서 행동하지 않는 것은 결코 정당화될 수 없다는 것을 우리에게 가르쳐 준다.

마틴 블랭크(Martin Blank) 박사[329]

---

328   en.wikipedia.org
329   Blank, M., PhD. (2015). Overpowered: The Dangers of Electromagnetic Radiation (EMF) and What You Can Do about It. Seven Stories Press.

내가 앞에서 "과학"이 모든 것을 밝혀낸다고 믿는 것은 산타의 존재를 믿는 것과 같다고 했던 말 기억하죠?

휴대폰을 구매했을 때 정부와 규제기관들이 소비자를 보호하기 때문에 당연히 안전할 것이라고 생각하고, 항상 사전예방의 원칙에 너무 의지하는 사람들도 산타의 존재를 믿는 것이나 다를 바가 없다. 하지만 사실 이런 식의 사고방식은 모두가 쉽게 추측할 수 있듯이, 황금만능 사회에서는 거의 적용되지 않는 철학일 뿐이다.

> ## 사전예방의 원칙
> 최종 영향에 관한 논쟁의 여지가 있거나 밝혀지지 않은 새로운 제품이나 과정은 사전에 막아야 한다는 원칙. 이 원칙은 주로 유전자 변형 생물 및 식품의 도입을 금지하는데 사용되어 왔다.

나는 사전예방의 원칙이 무엇인지 일반 상식 차원에서 보통 사람도 알아들을 수 있도록 설명하고자 한다.

이 원칙에 따르면, 우리가 일상적으로 노출되고 있는 EMF가 장기적으로는 해로울 수 있다는 단 한 건의 연구 사례 또는 한 번의 경고 신호만 있다고 하더라도... 우리는 제조업체들로 하여금 EMF를 적게 방출하는 보다 안전한 기기들을 만들도록 강요해야 한다는 것이다. 만약을 위해서!

물론 제조업체들로 하여금 그들의 방식을 바꿀 수 있는 시간을 줘야 한다. 이는 제조업체들이 더욱 안전한 제품들을 생산하기 위해서는 수십억 달러가 소요될 것이다. 그들이 망하는 것을 원하지 않기 때문에 시간을 주는 것이다.

하지만 한편으로 사전예방의 원칙을 적용하는 것은 이윤보다 인간의 건강을 우선시하는 것이다. 무엇보다 우리는 과거의 실수를 통해서 배운다는 것이다. 인간은 환경을 망치는 묘한 능력이 있으며, 그러고 나서 엉망이 된 환경을 청소하면서 후회하는 실수가 분명 그런 경우다.

이는 나 개인의 생각만이 아니다. 이는 과거 우리가 담배, 석면, 납, 트랜스 지방, 그리고 기타 많은 유사 이슈에서 했던 것과 같은 오류를 범하지 않으려는 일반인, 의사, 과학자, 지식인, 그리고 기타 수많은 독립 기관들의 생각이다.

2002년 이후, EMF를 우려하는 시민과 과학자들이 만든 많은 단체들이 지금의 정책과 전 세계적인 안전 가이드라인의 시급한 개선을 위해 힘을 합치고 있다.[330]

기술에 대한 반대?

어떤 과학자도 휴대폰을 없애고, 와이파이 라우터를 금지시키고 다시 옛날로 돌아가길 원하지 않는다. 하지만 과학자들은 지금의 방식이 옳지 않고 기준을 무선통신기술이 나오기 이전 EMF 노출 수준으로 바꿔야 한다는 것에 동의하고 있다. 내 말을 믿어주기 바란다.

330 abc.net.au

결의문/ 단체	국가	과학자 및 의사 수	년도	결론
짤스부르그 결의문[331]	오스트리아	19	2002	허용 기준를 0.1μW/cm²(0.2V/m)로 권장. 현재 FCC의 안전기준 보다 10,000배 낮은 수치.
프라이버그 탄원서[332]	독일	작성자 52명 (의사 1000명 서명)	2002	지금의 이동통신기술은 질병의 근본적인 원인 중 하나임.
아일랜드 환경 의사 협회[333]	아일랜드	확인 불가	2005	아일랜드 정부는 모든 형태의 비전이성 방사선 노출이 건강에 유해한 영향을 주는 것에 관해 시급히 연구해야 함.
셀레툰 성명서[334]	노르웨이	5	2001	인체 건강 보호를 위해 비가열 생물학적 영향에 기초한 새로운 노출 기준을 마련하는 것이 시급히 필요하다는 사실이 명백함.
바이오이니셔티브 보고서[335]	미국	36	2007, 2012	새로운 안전기준이 제정되어야 함. 의료기관들은 지금 조치를 취해야함.
국제의사탄원서[336]	독일	확인 불가	2012	2002년 프라이버그 탄원서의 후속 조치. 좀 더 엄격한 지침과 더 긴급한 조치가 요구됨.
국제 전자기장 과학자 탄원서[337]	미국	작성자 5명 (과학자 225명이 서명함)	2015	안전기준 제정기관은 일반인, 특히 EMF에 더욱 취약한 어린이를 보호하기 위한 충분한 가이드라인을 시행하지 못함.
유럽 환경의학 아카데미 가이드라인[338]	유럽연합	15	2016	매우 엄격한 가이드라인을 권장함. 예를 들어, 야간 와이파이 노출은 현재 FCC 안전 기준보다 10만 배나 낮은 0.02V/m로 해야 함.

331 (Salzburg Resolution) magdahavas.com
332 (Freiburger Appeal) magdahavas.com
333 (IDEA) emrpolicy.org
334 (Seletun Statement) magdahavas.com
335 (Bioinitiative Report) bioinitiative.org
336 (International Doctors Appeal)magdahavas.com
337 (International Electromagnetic Field Scientist Appeal)emfscientist.org
338 (European Academy for Environmental Medicine Guidelines)ncbi.nlm.nih.gov

홀륭한 과학자들은 사전예방의 원칙이 여기에 적용되어야 한다는 것에도 모두 동의하고 있다. 이 말은 EMF가 마침내 완전 무해하다거나 또는 매우 위험하다고 판명이 날 40년 이후, 혹은 그 중간 어느 시점이 아닌 지금 바로 행동으로 옮겨야 한다는 것을 의미한다.

사전예방의 원칙을 적용하는 것이 지금까지는 없었던 맨발의 히피족이나 꿈꾸는 환상의 유토피아를 찾아가자는 말이 아니다. 이 원칙은 지난 몇십 년 동안 실제로 우리가 적용해 왔던 것이다.

가장 확실한 예는 1973년의 멸종생물방지법(ESA: Endangered Species Act)이다.[339] 이 법은 "멸종위기 또는 감소추세 생물종의 전체 또는 일부 중요 부분을 보전하고 또한 그러한 종들이 살아가는 생태계를 보호하기"위해 제정되었다.

달리 표현하면, 이 법의 입법 취지는 확실한 과학적 증거를 얻기 전에 사전예방의 원칙에 따라 무언가 조치를 취하는 것이다. 마틴 블랭크 박사가 설득력 있게 표현한 것처럼, "결국 우리가 한 종이라도 멸종했다는 확실한 증거를 갖게 될 때는, 멸종을 막기에는 이미 너무 늦었다."[340] 당연하지!

다행히 ESA가 인류를 위한 단 하나만의 히트 작품이 아니었다.

---

339 nmfs.noaa.gov
340 Blank, M., PhD. (2015). Overpowered: The Dangers of Electromagnetic Radiation (EMF) and What You Can Do about It. Seven Stories Press.

1989년, 스티로폼 컵이나 에어로졸, 그리고 많은 다른 제품들에서 사용된 플라스틱의 일종인 프레온(CFC)은 전 세계적으로 사라졌다. 이는 프레온이 지구의 오존층을 파괴할지도 모른다는 경고 신호가 시작된 지 14년 만이다.

밴쿠버 선(Vancouver Sun) 신문사 기자인 케빈 그리핀(Kevin Griffin) 이야기를 들어보자. 그가 나보다 프레온에 관해 더 잘 설명한다.[341]

1973년, 캘리포니아대학교 어바인 캠퍼스의 화학자 프랭크 셔우드 롤랜드(Frank Sherwood Rowland)와 마리오 몰리나(Mario Molina)는 프레온이 대류권을 통해 성층권으로 올라가면 뭔가 중요한 일이 일어난다는 사실에 주목하게 되었다. 약 50~100년 후에 이르게 되면 자외선은 프레온을 분해하고 염소 원자를 방출하게 된다. 그들은 이 염소가 오존층에 영향을 주기에 충분하다는 이론을 세웠다.

비록 과학자들의 발견은 화학물질 제조회사들로부터 논란이 되었지만, 그 발견은 1985년 영국 남극 조사단의 중요한 보고서를 포함한 수많은 과학적 연구로부터 지지를 받게 되었다.

남극 상공의 비정상적으로 낮은 오존 농도는 대기 중 프레온 증가와 관련이 있다고 그들은 추측했다. 이것이 전 세계적으로 유명한 '오존홀'의 시간에 따른 시각적 표현으로 이어지게 되었다.

---

341 vancouversun.com

중요한 전환점이 된 사건이 1989년 1월 1일 "오존층 파괴 물질에 관한 몬트리올 의정서"라는 획기적인 조약이 발효되었을 때 일어났다. 2년 전부터 협상이 이루어졌고 캐나다도 서명한 몬트리올 의정서는 지구환경문제를 다루는 첫 번째 국제 조약이었다. [120여 개 국가가 협약에 참여했으며 프레온 사용을 점차적으로 중단하기 시작했다.]

전 세계적으로 프레온 사용 금지는 비교적 빠르게 진행되었다. 처음 과학자들에 의해 문제가 제기된 후 14년 만에 정치인들의 효과적인 대응이 이루어진 것이다.

이 이야기는 완벽한 해피 엔딩이다. 선한 사람들은 승리하고, 악한 사람들은 그에 상응하는 죄 값을 치르고, 모든 사람들은 즐거운 시간을 보냈다. 자막이 내려가는 동안 우리는 모두 웃음을 짓고 있다.

1995년, 프랭크 셔우드 롤랜드와 마리오 몰리나(폴 크루첸과 함께)는 그들의 업적과 오존층 보전에 공헌한 바에 따라 노벨상을 받게 되었다.

더 좋은 소식도 있다. 2006년 미국 국립해양대기청(NOAA)은 몬트리올 의정서는 실질적인 변화를 가져왔으며 "최근 몇 년 동안 오존층을 파괴하는 가스가 대기 중에서 감소하기 시작했다"는 사실을 확인했다.[342]

물론, 전 세계 산업체들은 힘들지만 그들의 제품을 바꿔야 했다. 하지

---

342 esrl.noaa.gov

만 사람들은 싸구려 사무실 커피를 프레온이 없는 스티로폼 컵에 담았을 때 커피 맛이 얼마나 다른지 정말로 알 수 있었을까? 혹은 공기 중 에어로졸에서 갑자기 하얀 데이지 꽃이나 아마존 폭포 같은 냄새가 나지 않는 것을 느꼈을까?

비록 이 책의 전반적인 내용이 비관적으로 보일지 모르지만, 나 자신은 낙관론자다. 나는 EMF에도 그런 사전예방의 원칙이 적용될 수 있고, 곧 적용될 것이라고 생각한다.

우리는 다른 신호 체계를 이용하고 낮은 출력으로 EMF를 적게 배출할 수 있다. 그리고 해로운 요소를 모두 제거하여 생물학적으로 인체와 완전히 부합할 수 있도록 만들 수도 있다.

인간성에 대한 신뢰 = 회복

그렇다, 좋은 소식들이 전해지고 있다. 하지만 유감스럽게도 이곳 북미 언론들을 통해서는 좋은 소식들을 듣지 못한다. 그래서 이 책을 읽는 대부분의 사람들이 다른 나라에서 EMF 이슈를 얼마나 심각하게 생각하고 있는지 일단 알게 되면 완전 경악을 금치 못하게 된다.

이러한 내용을 쓰고 있는 지금(2017년 5월), 어린이나 환자들이 EMF 노출로 훨씬 더 심각하게 고통을 받을 수 있는 놀이터, 병원, 학교, 그 외 여러 장소들로부터 와이파이, 휴대폰 안테나, 기타 EMF를 방출하는 기기들을 제거하는 등 매우 엄격한 EMF 안전 수칙을 시행하고 있는 국가가 수십 개도 넘는다.

나는 이러한 정책들이 EMF 문제가 얼마나 심각한지, 그리고 EMF에 관한 우려는 분명 알루미늄 호일이나 쓰는 정신질환이 아님을 증명할 뿐만 아니라, 오늘날 우리 자신을 보호하기 위해 실제로 구현할 수 있는 방법을 제시한다고 생각한다.

안전 수칙을 적용하고 있는 국가 리스트가 전혀 방대하지 않다는 것을 명심하기 바란다. 이는 시시각각으로 변하고 있다.

다음 단계로 가기 전에, "Radiation Nation"을 저술한 다니엘과 라이언 드바운(Daniel & Ryan DeBaun) 그리고 환경단체 "Environmental Health Trust"가 세계 각국의 정책에 관한 연구를 정리하는데 할애해 준 막대한 시간에 대해 깊은 감사를 전하고 싶다. 이들의 노력이 없었다면, 여기에 있는 어느 것도 가능하지 않았을 것이다.

경고 라벨

담배에서 보듯이 경고 라벨은 소비자를 인식시키는 첫 번째 단계다.

나는 개인적으로 우리(캐나다)도 휴대폰에 "아기를 갖기 원한다면 휴대폰을 바지 주머니에 넣거나 랩톱을 무릎 위에 놓지 마시오."라는 경고문을 붙여야 한다고 생각한다. 다른 국가에서 현재 하고 있는 방법은 미약하지만 좋은 시작으로 볼 수 있다.

국가	경고 라벨[343]	시행 년도
이스라엘[344]	이 휴대폰은 비전이성 방사선을 방출합니다. 이 휴대폰 모델의 방사선 배출 수준과 최대 허용 기준에 대한 세부 사항과 정보는 첨부된 책자에 있습니다.	2002
벨기에	건강을 위하여 휴대폰을 적당히 사용하고, 통화 시에는 이어피스 착용하거나 낮은 수준의 SAR 기기를 선택하시오.	2013
프랑스[345]	휴대폰 라벨에 SAR 수치 표기를 의무화하였다.	2015
캐나다	휴대폰은 인체에 암을 유발할 수도 있다.	2015년 법안 통과 되지 못함[346]
미국 캘리포니아 주 버클리 시	암을 유발할 수 있다. 어린이와 임산부 가까이 두지 말아야 한다.	2016
미국-캘리포니아,[347] 펜실 베이니아,[348] 하와이,[349] 메인,[350] 오리건,[351] 오하 이오,[352] 매사추세츠[353]	불확실. "목표는 모든 시민들에게 마이크로파 방사선과 관련된 건강상의 위험에 대해 알리는 것이다."	법안 통과되지 않음

343   ehtrust.org
344   tnuda.org.il
345   lemonde.fr
346   c4st.org
347   cnet.com
348   legis.state.pa.us
349   capitol.hawaii.gov
350   mainelegislature.org
351   wweek.com
352   congress.gov
353   sites.google.com

휴대폰 중계기 안테나

미국 연방통신위원회(FCC)는 기본적으로 모든 길모퉁이[354]와 모든 신호등[355]마다 작은 안테나 설치가 요구되는 차세대 "5G" 네트워크[356]를 추진하느라 바쁜 반면, 얼마 안 되는 몇몇 국가들은 안테나를 건강에 정말 위험한 것으로 취급하여 그들의 환경에서 제거하느라 바쁘다.

제2장에서 강조하였듯이, 미국 통신 회사들은 휴대폰 중계기 안테나를 설치할 때 1996년에 제정된 통신법(TCA: Telecommunications Act) 덕에 지금도 여전히 힘이 세다. 지금의 법으로는 안테나 가까이 거주했거나 직장이 있어서 암을 걸렸다는 확실한 과학적 증거가 있다 해도 통신 회사를 상대로 소송조차 할 수 없다.

학교 내 와이파이

논란은 계속되고 있다. 어떤 부모들은 와이파이에 대한 두려움이 완전히 미친 짓이라 생각한다. 왜냐하면 그들은 비전이성 방사선은 인체에 유해할 수 없다는 물리학자들의 동화 같은 이야기를 여전히 믿고 있기 때문이다.

다른 한편으로 어떤 부모들은 우려를 표한다. 그들은 작은 교실 안에 40여 개의 아이패드가 있고, 여러 개의 와이파이 라우터가 전자파를 쏘아

---

354 usatoday.com
355 abiresearch.com
356 twincities.com

댈 때 어떤 일이 벌어지는지 알려고 노력하고 행동으로 옮긴다.

국가	안테나 정책	시행 연도
캐나다, 밴쿠버 학교 이사회[357]	휴대폰 안테나는 학교 건물이나 보육시설로 부터 300미터 이내에 설치할 수 없다.	2005
인도, 라자스탄 주[358]	방사선은 "생명에 위험"하기 때문에 학교, 대학, 병원, 놀이터 부근으로부터 수천 개의 셀 타워가 제거되고 있다.	2012
칠레	안테나 방출 출력을 제한하고, 어린이, 노인, 환자들이 노출될 수 있는 "민감한 지역" 근처에는 안테나를 설치할 수 없다.	2012
프랑스	시민들은 안테나 설치에 반대 투쟁할 수 있고, 시 당국은 거부할 수 있다. 높은 수준의 방사선 배출 안테나의 위치를 알리는 지도를 일반 대중에게 공개할 예정이다.	2015
그리스	휴대폰 안테나는 학교나 유치원 부근에는 설치할 수 없다.	불확실
뉴질랜드[359]	휴대폰 안테나는 학교 부근에 설치할 수 없다.	불확실
아르헨티나[360]	안테나 설치 전 공공 협의를 반드시 거쳐야 한다.	진행중

책상이 와이파이 라우터 바로 옆, 혹은 바로 아래 있는 학생은 와이파이 라우터에서 멀리 떨어져 앉아있는 학생보다 수십 배 더 높은 EMF 방사선 수준에 노출되는 것이 사실이다.

---

357 council.vancouver.ca
358 ecfsapi.fcc.gov
359 education.govt.nz
360 nuevocronista.com

한 예로, 어떤 학부모가 라우터 바로 아래에서 19.41V/m 방사선 수준을 측정했다.[361] 이는 하루 종일 4G/LTE 휴대폰으로 매일 대화하면서 노출되는 수준보다도 더 높은 수치다.

국가	와이파이 정책	시행 연도
미국	미국 소아의사학회를 비롯한 여러 단체는 어린이에 대한 무선주파수 노출을 줄이기 위한 권고안을 상정함.	2013
이스라엘[362]	유치원과 유아원의 무선 네트워크 사용 금지. 1급 및 2급 인터넷은 주당 3시간으로 제한함. 3급 인터넷은 주당 8시간으로 제한함.	2013
프랑스	유아원과 3세 이하 어린이 전용공간에선 와이파이 금지. 사용하지 않을 때는 와이파이 스위치 꺼야함.	2015
이탈리아, 피에몬테 지역[363]	학교에서 와이파이 사용 제한됨	2015
타이완	두 살 이하 아기들의 아이패드, 텔레비전, 스마트폰과 같은 전자기기 사용 금지.	2015
사이프러스[364]	유치원에서 와이파이 금지. 초등학교에서는 무선기기 설치 중단.	2017
핀란드[365]	일부 유치원과 유아원은 와이파이 금지.[366] 한 초등학교는 와이파이 라우터에 "OFF" 스위치를 설치하고 필요할 때만 "ON".	2017
스페인[367]	학교 내 와이파이 사용 금지를 요구함.	추진 중

---

361 parentsforsafetechnology.org
362 parentsforsafetechnology.org
363 cms.education.gov.il
364 cr.piemonte.it
365 ehtrust.org
366 ehtrust.org
367 flanderstoday.eu

휴대폰 또는 기타 무선기기를 사용하는 어린이

지금은 의약품도 안전성에 대한 확실한 증명 없이는 출시할 수 없고, 고대 이집트 시대부터 많은 사람들이 사용해 온 허브와 천연물질도 의문점을 제기하고 안전성을 철저히 검사하며, 새로운 식품도 사전 승인 없이는 판매를 시도조차 할 수 없다. 이런 세상에 와이파이와 휴대폰을 아무 규제 없이 다섯 살배기 어린이 주변에 들고 나온다는 것은 정신병자 수준의 이중 잣대다.

크리스 월럼스(Chris Woollams) 암과 종양학 종합 뉴스 CEO(CANCERactive)[368] 편집장

어린이들은 무선기기를 결코 사용해서는 안 된다. 이것은 명백하다. 어린이 신체는 어른보다 더 많은 양의 방사선을 흡수한다는 것을 알고 있다. 그리고 지금의 SAR 가이드라인이 안전수준을 이미 넘었기 때문에 어린이들이 안전하게 살아갈 수 있는 방법은 사실 지구에는 없다.

그럼에도 불구하고, 제조업체들은 무선주파수 방사선을 방출하는 새로운 어린이용 기기들을 만들어 생산판매하고 있다. 다음과 같은 제품들이 여기에 해당된다.

● 제5장에서 언급한 적이 있는 악명 높은 아이포티(iPotty)

---

368 Moyer, D. (2014). Beyond Mental Illness: Transform the Labels, Transform a Life. Xlibris Corp.

- 하루 24시간 일주일 내내 무선주파수 방사선을 방출하는 베이비 모니터. 이 제품은 유럽에서 사용하는 것(방사선을 99%나 적게 배출)[369]과 같은 음성 작동 기기를 대신해서 만들어졌음.
- 블루투스 기저귀. 기저귀가 젖으면 전화가 울림. 2017년 말 출시.[370]
- 아기의 건강 상태를 실시간으로 체크할 수 있도록 아기들이 항상 착용할 수 있는 블루투스. 매일 초 단위로 아기들의 신체 가까이에 무선주파수 방사선을 방출.[371]

다행히도 이것이 완전히 미친 짓이라고 생각하는 사람들이 많다.

국가	어린이 휴대폰에 관한 정책	시작 년도
프랑스	구매자가 요청하면 14세 이하 어린이에게는 머리에 휴대폰 방사선 노출을 줄이는 장비가 제공되어야 함. 14세 이하 어린이를 대상으로 하는 휴대폰 광고는 금지.	2010
캐나다	캐나다 보건부는 국민들에게 "18세 이하 어린이는 휴대폰 사용 자제를 지도할 것"을 권유.	2011
아일랜드[372]	휴대폰이 건강에 미치는 영향을 앞으로 여러 해 동안 정확하게 이해하지 못할 수도 있음. 현명한 방법은 위험이 확인될 때까지 기다리기보다는 사전예방의 원칙을 선택하는 것. 어린이들은 "꼭 필요한 용도만" 휴대폰을 사용하도록 지도.	2011
벨기에	어린이를 대상으로 한 휴대폰 광고 전면 금지	2013

---

369 마그다 하바스(Magda Havas) 박사가 2016년 버몬트에서 한 발표에 따르면: youtube.com/watch?v=YFhPkK82ntw
370 techcrunch.com
371 wearables.com
372 hse.ie

현재 이 문제를 다루는 나라들은 거의 없고, 평균적으로 미국 어린이들은 6세가 되면 처음 스마트폰을 갖는다.[373] 하지만 미국 정부가 어린이에게 EMF 방사선 노출 허용 양에 더욱 엄격한 기준을 채택하게 되면 상황은 바뀔 것이다.

전자파 과민증에 대한 우리의 과제

나는 지금까지 우리가 현재 직면하고 있는 EMF 문제에 관한 정치적이고 철학적인 문제에 관해서는 거의 언급하지 않았다. 이유는 가능하면 이 책을 이해하기 쉽고 짧게 만들고 싶었기 때문이다.

하지만 전 세계적으로 전자파 과민증 때문에 고통 받고 있는 사람들에게 어떠한 일이 일어나고 있는지 솔직히 말하라고 하면, 나는 이것은 인간에 대한 엄청난 범죄라고 말하겠다.

만약 우리가 EMF 노출 인구 중 3% 정도가 전자파 과민증으로 심신쇠약 증상을 겪지 않고는 와이파이 라우터 곁에 있을 수도 없다는 매우 보수적인 추정을 하더라도, 이는 전 세계 수천 수백만 명의 사람들이 고통을 받고 있는 것을 의미한다. 그들은 고립되고 스스로 책망하고 또 침묵하는 세월을 보내고 있다.

---

373 deseretnews.com

국가	전자파 과민증에 관한 정책	시작 년도
미국	미국 장애인법(ADA)에서 전자파 과민증 인정[374]	2002
캐나다	캐나다 인권위원회에서 전자파 과민증 인정[375]	2007
호주[376]	소수의 학교는 전자파 과민증 어린이들을 특별 대우할 예정. 전자파 과민증 환자들이 몇 건의 법정 소송에서 승소함.[377]	2013
이탈리아[378]	피에몬테 지역은 전자파 과민증 환자들을 배려하는 정책을 시행함. 전자파 과민증 안전 구역이 만들어짐.	2015
프랑스	한 여성은 전자파 과민증으로 고통을 겪고 있다는 사실을 법정에서 인증 받은 후 보상을 받음.[379] 전자파 과민증 안전 구역이 만들어짐.	2015
스페인[380]	한 도시는 다중 화학물질 민감증(MCS: multiple chemical sensitivities) 또는 전자파 과민증 환자들을 위한 새로운 계획을 실행하기 시작함. 한 법정 판결은 전자파 과민증이 심각한 장애라는 사실을 인정함.[381]	2015

나는 EMF에 매우 민감한 사람들은 주변의 누군가 휴대폰을 "비행모드"로 설정하지 않았다는 것도 즉시 감지할 수 있다는 이야기를 들은 적이 있다. 어떤 사람들은 휴대폰, 와이파이, 무선전화기, 중계기 안테나 등 노출 EMF의 종류에 따라 각각 다른 증상들을 아주 뚜렷하게 보인다. 그런 사람들은 몸이 매우 효과적인 EMF 미터 역할을 한다.

374 cr.piemonte.it
375 ecfsapi.fcc.gov
376 aseq-ehaq-en.ca
377 ehtrust.org
378 itnews.com.au
379 thestar.com
380 afectadasporlosrecortessabitarios.wordpress.com
381 beingelectrosensitive.blogspot.ca

어떤 사람들은 전신에 두드러기가 돋는다. 또 다른 사람들은 신경질환 증세가 너무 심해서 며칠 동안 거의 걸을 수 없거나 말하는데 어려움을 겪는다. 나는 캘리포니아에서 30년 이상 EMF 경감 전문가로 일해 온 마이클 뉴어트(Michael Neuert)로부터 그의 고객 중 한 사람이 아주 민감해서 300미터나 떨어진 곳에서 발생하는 휴대폰 신호를 감지한다는 이야기를 들었다.

정말 이것은 실제 나타나는 현상이다. 마치 셀리악 병으로 고통 받는 사람처럼 정신적인 것이 아니라 눈에 보이는 병이다. 셀리악 병은 글루텐(Gluten)을 먹었을 때 면역 체계를 자극하여 자신의 신체를 공격하도록 하는 극심한 알레르기 현상이다.

셀리악 병 증상이 있는 사람들은 글루텐에 매우 민감해서 겨우 5ppm 정도만 먹어도 병들고,[382] 증세를 더욱 악화시켜 며칠 동안 몸져눕게 만든다. 5ppm은 빵 부스러기 몇 점과 맞먹는 정도다. 동네 제과점에서 방금 구워져 나온 맛있는 빵 냄새를 숨쉬기만 해도 그들의 몸은 쇠약해지는 증세를 겪게 된다.[383]

전자파 과민증은 이미 오래전인 1995년에 스웨덴에서 했던[384] 것처럼 지금은 전 세계의 모든 국가에서 진정한 신체적 장애로 인정해야 할 때가 왔다.

---

382 glutenfreetraveller.com
383 glutenfreehomemaker.com
384 eloverkanslig.org

더욱 엄격한 기준

미터당 볼트(Volts per meter). 평방미터당 마이크로와트(Microwatts per square meter). 밀리가우스(Milligauss). 만약 당신이 이 특수 용어들로 인해 두통이나 불안감이 생겼다면, 그것은 정상이다.

이 용어들은 다음 장에서 이해할 수 있게 될 것이다. 다음 장에서는 지금 상태로 유지하는 것 대신에 사전예방의 원칙을 따르기를 바라는 나 자신과 많은 전문가들은 독자들이 안전한 EMF 노출 수준 내에서 살아가기 위해 무엇을 할 수 하는지 정확하게 보여줄 것이다.

사실은 아무도 어느 정도가 안전한 것인지 확실히 모르기 때문에 모두가 알아내려고 여전히 노력하고 있다는 것이다.

전 세계 여러 정부와 관련 기관들이 100% 안전하다고는 할 수 없는 새로운 가이드라인을 각각 제시했다(100%는 오직 미래에만 알 수 있을 것이다). 하지만 이 새로운 가이드라인은 미국이나 캐나다처럼 아예 존재하지도 않는 것보다는 분명 더 안전하다. 이제 살펴보기로 하자.

무선주파수(RF)

요점 정리

- EMF 종류: 무선주파수, 다른 용어: 마이크로파
- 측정 단위: V/m(미터당 볼트) 또는 uW/m2(평방미터당 마이크로와트)[385]
- 특성: 하루 24시간 일주일 내내 작동
- 주요 발생원: 와이파이, 휴대폰, 태블릿, 블루투스, 스마트미터, 중계기 안테나, 베이비 모니터, 무선전화기, 전자레인지

무선주파수 방사선 안전기준은 국가에 따라 상당한 차이를 보인다. 한 가지 확실한 사실은 대부분의 국가들은 미국 연방통신위원회(FCC) 기준이 완전히 잘못되었다고 생각하는 것이다. 예를 들어, 오스트리아 허용 기준은 FCC 보다 3,070배나 더 낮다.[386]

실제 기준은 여기서 보여주는 것보다 훨씬 복잡하지만 이 책의 목적이 엔지니어 수준의 수학을 다루는 것이 아니기 때문에 간단하게 표기하겠다.

---

385 무선주파수(RF) 측정 단위를 V/m로 하게 된 이유가 여기 있음. powerwatch. org.uk/science/unitconversion.asp

386 이 책 전반에 걸쳐 사용한 Volts/meters 단위로 계산했을 때 나타나는 수치. 만약 uw/m2(power density) 단위로 계산하면 FCC는 1,000,000배나 더 높게 허용하는 것이 된다. 그렇다고 수치를 너무 염려하지 마라. 이렇게 복잡한 것은 EMF 전문가들이나 따지는 것이다.

세계 각국의 무선주파수 가이드라인[387, 388]

국가 또는 기관		안전기준(V/m)
미국, 캐나다		61.4
벨기에		21
러시아, 중국		6
이탈리아, 룩셈부르크, 스위스		6
빌딩생물학		0.06
바이오이니셔티브		0.03
Europaem		0.02
오스트리아		0.02
자연 현상		0.00002

안전한 무선주파수 방사선 수준은 EMF 발생원(와이파이, 블루투스, 또는 휴대폰), 주파수, 펄스와 변조, 노출 지속 시간, 노출 시기(야간 또는 주간)에 따라 다를 수 있다는 것을 간단하게 이해하기만 하면 된다.

---

387 2016년 8월에 발간된 대단한 안전기준편찬에 관해 emfs.info에 감사드림. 다음 자료 참고. emfs.info/wp-content/uploads/2015/07/standards-table-August-2016.pdf
388 상세한 자료는 부록 15에 제시함.

요점 정리

- EMF 종류: 자기장

- 측정 단위: mG(밀리가우스)

- 특성: 발생원으로부터 거리가 멀어지면 빠르게 소멸하는 정자기장 (Static Magnetic Field) 형성

- 주요 발생원: 차단기 패널, 주택 배선 결함, 수도 또는 가스 파이프 전류, 모터와 변압기, 고압선, 태양광 패널

유감스럽게도 자기장 관련 연구는 무선주파수 방출기기(휴대폰, 와이파이 등)에 관한 것보다 수천 배나 적다. 또한 대부분의 연구는 고압선의 설치와 그로 인한 건강영향 가능성에 관한 많은 우려가 있을 시기였던 1970~90년대에 이루어졌다.

그럼에도 불구하고, 공인 빌딩생물학 기사와 2007 및 2012년 바이오이니셔티브 보고서 작성자와 같은 이해관계로부터 자유로운 연구자들은 인체가 일상적으로 어떤 수준의 자기장에 노출되어야 하는지에 관한 명확한 권장 사항을 만들었다. 여기서 가장 낮은 수준의 자기장에서도 어린이 백혈병 발생 위험이 일반적으로 증가하는 것을 보아왔다.

세계 각국 및 기관의 자기장 가이드라인[389, 390]

국가 및 기관		안전기준(mG)
IEEE		9040
ICNIRP		2000
유럽연합 자문기구		1000
아르헨티나		250
벨기에		100
스위스		10
네덜란드, 노르웨이		4
이스라엘		2
백혈병 유발 가장 낮은 수준		2
Europaem		1
빌딩생물학 관리 기준		1
바이오이니셔티브		1
자연 현상		0.000002

---

389   2016년 8월에 발간된 대단한 안전기준편찬에 관해 emfs.info에 감사드림.
다음 자료 참고. emfs.info/wp-content/uploads/2015/07/standards-table-August-2016.pdf

390   상세한 자료는 부록 16에 제시함.

요점 정리

- EMF 종류: 전기장

- 측정 단위: V/m(미터당 볼트) 또는 mV(밀리볼트)[391]

- 특성: 아무런 느낌 없이 몸에 전기를 통하게 함

- 주요 발생원: 표준 가정용 배선, 접지되지 않은 2중 램프, 대부분의 접지 되지 않은 전자 장치, 토양 표류전류, 전원 스트립 및 기타 코드

주택의 벽에 설치된 일반 전선에서 나오는 전기장 관련 국제적 가이드라인은 훨씬 더 모호하다.

미국 서부 지역에서 일반 가정에서 발생하는 EMF를 줄이는 일을 하는 오람 밀러(Oram Miller)와 같은 빌딩생물학 전문가는 전기장은 사람들이 쉽게 노출될 수 있는 EMF 중에서 가장 과소평가되고 잘못 이해되고 있다고 말한다.[392]

---

391 빌딩생물학 전문가들이 신체전압측정법이라 부르는 것을 사용할 때, 다음 기기들 중 하나로 주변 전기장으로부터 신체에 얼마나 많은 전압이 들어가는지 평가한다. slt.co/Products/BodyVoltageKits/

392 그가 유튜브 채널 HowThingsWork에서 인터뷰한 내용으로부터. 다음 자료 참고. youtube.com/watch?v=_wShp_tnjiY

세계 각국 및 기관의 전기장 가이드라인[393, 394]

국가 및 기관		안전기준(V/m)
IEEE		10,000
ICNIRP		5000
유럽연합 자문기구		5000
아르헨티나		3000
코스타리카		2000
폴란드		1000
러시아, 슬로베니아		500
빌딩생물학		1.5
Europaem		1
자연 현상		0.0001

우리의 몸은 휴식이나 수면 등을 통해 치유되고 재충전된다. 빌딩생물학 분야에서는 전기장은 치유 4단계인 "REM" 수면에 해당하는 숙면을 취할 수 있는 능력을 심하게 손상시킬 수 있다는 사실이 잘 알려져 있다.[395] 뿐만 아니라 다음과 같은 문제도 야기한다.

---

393 2016년 8월에 발간된 대단한 안전기준편찬에 관해 emfs.info에 감사드림. 다음 자료 참고. emfs.info/wp-content/uploads/2015/07/standards-table-August-2016.pdf
394 상세한 자료는 부록 17에 제시함.
395 createhealthyhomes.com

- 잠을 자야 하는 야간에 멜라토닌 생성을 감소시킨다.

- 만성 피로, 섬유근육통(Fibromyalgia), 수면 장애, 하지불안 증후군, 알레르기 등을 유발한다.

- 과잉 행동, 우울증, 두통 등을 증가시키는 것과 관련되어 있다.

유럽 환경의학아카데미(EUROPAEM: European Academy for Environmental Medicine) 연구진들은 이러한 견해에 동의하면서 매우 엄격한 전기장 규제를 권유하고 있다.[396] 특히 환자, 임산부, 면역력이 약한 사람, 전자파 과민증이 있는 사람은 잠잘 때 침실의 전기장에 주의를 요한다.

---

396   researchgate.net

유해전기 (DE)

요점 정리

- EMF 종류: 유해전기
- 측정 단위: V/m(미터당 볼트), Graham-Stetzer(GS) 또는 mV(밀리볼트)[397]
- 특성: 건물 배선 전기를 중간주파수의 유해한 잡음으로 오염.
- 주요 발생원: 소형 형광등(CFL), 일반 형광등, 전자제품 충전기, 태양광 패널 또는 풍력 터빈 생산 전기 변환기, 조광기 스위치, 스마트 가전제품.

유해전기란 전기가 전선을 따라 흐를 때 발생하는 쓸모없는 말썽꾸러기 중간주파수에 해당하는 것이다. 그래서 관련 연구는 아직 초기 단계에 있다.

한 가지는 분명하다. 세계 최고의 예방의학자 중 한 사람인 샘 밀햄(Sam Milham)은 유해전기가 인간과 동물 모두에게 해를 끼칠 수 있다는 사실을 보여주는 중요한 연구 결과를 발표했다.[398]

---

397 Greenwave meter를 사용. 다음 자료 참고 greenwavefilters.com/dirty-electricity-meter/
398 Milham, S., MD. (2012). Dirty Electricity: Electrification and the Diseases of Civilization. iUniverse

유럽 환경의학아카데미(EUROPAEM) 연구진들은 생활공간에 존재하는 높은 수준의 유해전기는 다음과 같은 증상들과 관련이 있다는 역학 조사를 보고했다 : 암, 심혈관 질환, 당뇨병 및 고혈당(체중 증가로 이어질 수 있음), 자살, 주의력 결핍 과잉행동장애(ADHD).

마그다 하바스(Magda Havas)의 연구에서는 높은 수준의 유해전기는 다발성 경화증(multiple sclerosis) 증상들과 연관될 수 있다는 사실도 보여 주었다.[399]

현재로는 일반 가정이나 빌딩의 유해전기를 측정할 수 있는 국제적인 표준이 없다. 카자흐스탄공화국은 이 문제를 조사하고 유해전기 수치를 줄이기 위한 구체적인 조치를 취한 첫 번째 국가다.[400] 카자흐스탄은 전기 엔지니어인 데이브 스테처(Dave Stetzer)와 협력하여 유해전기를 줄이는 특수 필터를 개발했다.

다음 장에서 해결 방법을 설명하면서 이러한 필터에 관해서도 설명하려고 한다. 여기서는 집에 유해전기 수치가 낮을수록 더욱 건강하게 살 수 있다는 정도로 이해하면 된다. 특히 전자파 과민증이 있는 사람들은 유해전기에 더 큰 영향을 받는다.

399 magdahavas.com
400 agriculturedefensecoalition.org

그렇다면 어떤 수준의 EMF가 안전한가?

간단히 말하면 - 아무도 확실히 모른다.

더 나은 답은 - 적을수록 좋다.

도움이 되는 답은 - 계속 읽어 나가라.

지금까지 설명한 모든 사항에 근거해 볼 때, 나는 개인적으로 빌딩생물학 기사들처럼 더욱 건강한 환경을 조성하는 것을 사명으로 하는 전문가들이 제시하는 가장 엄격한 EMF 안전 가이드라인을 따르는 것이 좋다고 생각한다.[401]

	무선주파수(RF)	자기장(MF)	전기장(EF)	유해전기(DE)
주간	< 0.2V/m	< 1mG	< 10V/m	가능한 낮게
야간	< 0.06V/m	< 1mG	< 1.5V/m	가능한 낮게
전자파 과민증[402]	< 0.02V/m	< 0.1mG	< 0.3V/m	가능한 낮게

이 말은 다음 장에서 아래 기술한 EMF 노출 기준 내에 머물 수 있는 방법을 제시하겠다는 의미다.

---

401 hbelc.org

402 30년 이상 EMF 컨설턴트로 활동한 마이클 뉴어트(Michael Neuert)가 전자파 과민증 환자들에게 자문한 내용에 기초함. 이 수치들이 증상을 보이지 않을 것이라고 보장하지 못한다. 왜냐하면 가장 민감한 EMF 미터가 감지할 수 있는 수준 이하에 노출되어도 증상을 보이는 자들이 있기 때문이다. 다음 자료 참고. emfcenter.com/what-level-is-safe/

제7장

예방법

휴대폰 길들이기
EMF 청결 주거 환경 만들기
어린이 보호하기

경고: 지금까지 내용은 그 자체로는 별 쓸모가 없다

독자들은 지금까지 EMF가 무엇인지, 지금의 안전기준이 얼마나 엉망인지, 건강에 어떤 영향을 줄 수 있는지에 관해 수많은 자료를 읽었다. 그렇다고 해서 독자들의 건강에 직접적으로 도움 되는 것은 유감스럽게도 별로 없었다.

이제 중요한 것은 독자들이 내가 이 마지막 장에서 제시하는 정보를 어떻게 이용할 것인가, 그리고 지금의 기술 사용 습관을 어떻게 바꾸느냐에 달려있다.

너무 다양한 곳에서 EMF가 방출되고 있기 때문에 이를 모두 다루려면 금방 정신 못 차릴 지경이 된다. 그래서 무엇을 먼저 다루어야 하는지 이해하기 쉽도록 이 장에서는 세 부분으로 나누어 정리했다.

개인용 기기　　　주거 환경　　　어린이

각 절은 최우선해야 할 세 가지 사항으로 시작한다. 이 세 가지 실천 사항만으로도 EMF 노출을 눈에 띄게 감소시킬 것이다. 50달러 이하의 비용으로 별다른 노력도 거의 하지 않고 줄일 수 있다.

전기전자기술을 사용하는데 이 세 가지 방법을 먼저 적용해 보고, 더 필요하다면 이 장에서 설명하는 나머지도 도전해 보라. 첫 번째는 기본이다.

앞에서 언급한 세 가지는 다시 각각 세 단계로 나누어 다루려고 한다.

1단계: 쉽고 저렴한 방법

별다른 노력 없이 50달러 이하로 할 수 있는 방법.

2단계: 중간 수준

비용이 더 들기는 하지만 전자파 과민증으로 고통을 받고 있다면 필수적임.

3단계: EMF 전문가

공인 빌딩생물학 기사[403]나 경험이 풍부한 EMF 전문가의 지도 없이는 절대 개인적으로 하지 말아야 함. 득보다 더 많은 해를 초래할 수도 있음.

어떤 단계를 선택할 것인가? 이는 EMF에 대한 민감 정도, 예산, 가진 장비와 시행 동기에 따라 다르다. 하지만 모든 환경오염이 그런 것처럼 EMF도 노출이 적으면 적을수록 더욱 좋다.

사람들을 겁주려고 사용하는 도구

이 기기의 소리 기능을 작동시키면, 사람들은 우리가 전혀 상상하지 못했던 공포에 빠지게 되는 것을 보게 될 것이다.

이것은 내가 사용하는 Cornet ED88T 전자스모그(Electrosmog) 미터다. 제6장 마지막에 언급했던 사전예방의 원칙을 우리가 어떻게 준수할 수 있

---

403 거주지 가까운 곳에 빌딩생물학 전문가를 찾으려면 다음 사이트에 들어가면 됨. hbelc.org/find-an-expert

는지 보여주기 위해 7장 전반에 걸쳐 이 장비를 사용하게 될 것이다.

이것을 선택한 이유는 비교적 저렴하고 (Amazon.com에서 $179), 우리가 우려하는 수준의 EMF를 측정하기에 충분할 정도로 민감하고, 사용하기 쉬울 뿐만 아니라 가까이 있는 사람들을 즉시 놀라게 할 수 있는 소리 기능이 있기 때문이다.

이 미터기는 엔지니어 수준의 장비가 아니기 때문에 측정된 EMF 수치가 과학적으로 정확하다고는 할 수 없다. 과학적으로 아주 정밀한 미터기는 수천 달러에 이르기 때문에 이 책의 판매 부수가 조 단위에 이르지 않는 한 아마 나는 결코 사지 못할 것이다.

만약 주거 공간에서 매우 정확한 측정을 원한다면 빌딩생물학 기사 또는 EMF 전문가에게 집 안 전체를 점검하도록 맡겨야 한다. 물론 비용은 몇 백 불 들겠지만, 그만한 가치가 있을 것이다.

나의 EMF 측정 방법

내가 EMF 측정기 사용법을 이해하고 있다는 사실을 빌딩생물학 기사, 의사, EMF 전문가, 엔지니어, 그리고 기타 전문가들이 확신할 수 있도록 다음 사항을 추가 공지하려고 한다.

책을 쓰고 있는 지금 단계는 내가 공인 빌딩생물학 기사 수준의 경험이 없다는 것을 먼저 인정한다. 하지만 앞으로 이 분야를 좀 더 공부해서 몇 년 내에 지식의 완성도를 높일 계획이다.

얘기한 바와 같이 내가 Cornet ED88T 미터기로 측정할 때 아래와 같은 사항을 고려했음을 유념하길 바란다.

- 이 책에서는 단위를 uW/m² 대신에 V/m을 사용하기로 했다. 이는 영국에서 EMF 건강 영향을 연구해 온 비영리단체 Powerwatch[404]를 설립한 전기엔지니어 알라스다이르 필립(Alasdair Philips)의 권유에 따른 것이다.
- 발생원 가까이에서 과잉 측정되는 것을 방지하기 위해 대부분의 경우 최소 30cm정도 떨어져 측정했다.
- 하나의 안테나에서 여러 방향으로 발산되는 신호를 잡아내기 위해 이리저리 움직여 측정했다.
- 각 관측치는 최소한 2분 동안 측정한 것 중에서 가장 높은 수치다. 관측치는 일주일 동안 발생할 수 있는 EMF 상태 변화나 하루 동안 변화를 고려하지 못했다. 고려하는 것이 이상적이다.
- 전기장 측정 시, 미터기를 손으로 잡지 않고 접지되지 않은 전기장을 측정했다. 빌딩생물학 가이드라인은 야간에는 0.3V/m일 때 "이상 없음"이라고 하지만 유감스럽게도 Cornet ED88T는 10V/m 이하로는 내려가지 않는다.

---

404 powerwatch.org.uk

- 이 책을 쓰고 있을 때 나는 신체 전압 측정기(Body Voltage Kit)가 없었다. 신체 전압 측정기는 생활환경 전기장을 측정하는데 도움이 되고 아주 유용하다.

EMF를 줄이는 황금 법칙

다니엘 드바운(Daniel DeBaun)과 같은 EMF 전문가들이나 빌딩생물학 기사들은 EMF 노출을 줄이려고 할 때 다음과 같은 규정을 준수하는 것이 중요하다고 강조한다. 규정을 준수하지 않으면 개선보다는 오히려 더 많은 해를 야기할 수도 있다.

법칙 #1: 첫째, 발생원을 제거한다

휴대폰에서 나오는 전자파 방사선을 상쇄하기 위해 아무리 많은 첨단 기기나 멋진 휴대폰 케이스를 사용하는 것보다 더 좋은 최선의 방법은 휴대폰을 아예 사용하지 않는 것이다.

생활환경에서 EMF를 줄이는 첫 번째 방법은 발생원을 제거하는 것이다. 예를 들면, 가정 내 라우터의 와이파이를 꺼버리고 대신 유선을 사용하면 문제는 해결되는 것이다.

법칙 #2: 거리는 늘이고 시간은 줄인다

물론 지금과 같은 무선통신시대에 와이파이나 휴대폰을 사용하지 않는다는 것이 언제 어디서나 가능한 일은 아니다. 그래서 법칙 #2가 도입되는 것이다.

발생원을 제거할 수 없는 경우에는, EMF 발생원으로부터 가능한 공간적으로 멀리하고, 될 수 있으면 노출 시간을 줄이도록 한다. 즉, 스마트폰 통화시간을 줄이고, 스피커폰이나 마이크가 장착된 이어폰을 사용하여 휴대폰을 몸에서 최소 30cm 정도 떨어지게 한다.

법칙 #3: 차폐를 이용한다

만약 발생원을 제거할 수 없어(법칙 #1), 사용 시간을 줄이고 공간적으로 멀리했다면(법칙 #2), 이제는 차폐를 이용하여 EMF 노출을 줄이는 방법에 관해 논의할 필요가 있다. 차폐는 인체가 노출되는 EMF 수준을 낮추기 위해 인체와 EMF 발생원 사이에 전자파를 반사 또는 흡수하는 물질을 넣는 것이다.

예를 들어, 벽 뒷면에 무선주파수 방사선을 계속 방출하는 스마트미터가 설치되어 있다면 침실 벽면이나 창문에 차폐물을 설치하는 것이 좋다. 하지만 먼저 발생원을 제거하기 위해 유틸리티 회사에 스마트미터를 설치하지 않겠다는 요청부터 하는 것이 순서다.

개인용 기기

휴대폰, 태블릿, 컴퓨터, 블루투스 등

세 가지 핵심 사항

1. 개인용 기기는 몸에서 최소 30cm 이상 거리를 둔다.
2. 컴퓨터(랩톱 또는 데스크톱)는 접지선이 있는 3중 플러그가 있는 것을 사용한다.
3. 블루투스 장비 사용은 최소한으로 줄인다.

휴대폰과 태블릿 - 1 단계
쉽고 저렴한 방법

전자파에 민감한 어떤 사람들은 스마트폰뿐만 아니라 모든 EMF 방출기기를 완전히 없애버리고 싶을 수도 있다. 하지만 우리는 사용 방법을 조금만 달리하면 그러한 기기들이 야기하는 위험의 99% 정도는 피할 수 있다.

휴대폰이나 태블릿은 항상 우리 신체와 아주 가까이 있기 때문에 일상생활에서 볼 수 있는 최악의 무선주파수 방사선 발생원일 것이다. 다행인 것은 스마트미터, 중계기 안테나, 그리고 공공 와이파이 핫스팟 등과 같은 다른 모든 외부 EMF 발생원과는 달리 휴대폰이나 태블릿은 우리가 완전히 컨트롤할 수 있다는 사실이다.

개인용 기기들은 신체에서 최소 30cm 정도 거리를 둔다

중요한 것은 EMF는 발생원에서 멀어질수록 기하급수적으로 감소한다는 사실을 이해하는 것이다.

휴대폰(iPhone 6, 4G/LTE)으로부터 거리[405]	무선주파수 방사선 최고 측정치(V/m)
머리 바로 옆[406]	9.86
7.6 cm	3.7
15.2 cm	2.44
30.5 cm	1.42
사전예방적 수준: 하루 동안 0.2V/m 이하로 유지	

표에서 보는 것처럼 거리는 좋은 친구다. 기기들이 신체에서 멀어질
수록 방사선 수치가 현격하게 감소한다.

만약 사전예방의 원칙에 따라 기기들을 신체로부터 멀리 두려고 한다
면 평소 높은 EMF에 노출되던 습관을 보다 안전한 방법으로 바꿔야
할 것이다.

높은 EMF 노출 습관	낮은 EMF 노출 습관	EMF 부작용
휴대폰을 귀에 대고 통화한다.	가능하면 손으로 휴대폰을 잡는 대신 스피커폰을 사용하거나, 테이블 위에 놓고 유선 이어폰을 사용한다.	암 발생(뇌, 귀, 침샘) 위험, 피로, 정신 혼미, 안질환 증가, 신경전달물질 감소 (우울증 및 기타 신경학적 증상 유발)
직장이나 가정에서 휴대폰으로 장시간 통화한다.	가능하면 휴대폰으로 오는 전화는 유선전화로 돌려놓는다.	

---

405 야외에서 4G/LTE 네트워크 상태에서 유튜브 동영상을 보면서 측정함.
406 사용한 EMF 측정기가 배출원 바로 옆에서 사용할 수 있도록 만들어지지 않아
서 관측치가 과장되었음.

높은 EMF 노출 습관	낮은 EMF 노출 습관	EMF 부작용
휴대폰을 앞뒤 호주머니, 벨트 주머니, 브래지어 또는 기타 신체 밀착 부위에 소지하고 다닌다.	휴대폰을 신체 가까이 휴대할 때는 비행모드로 설정하고 와이파이와 블루투스 기능을 꺼놓는다. 전화 수신이 필요한 경우는 휴대폰을 적어도 30cm 정도 멀리 둔다.	암 발생 위험의 증가(신체와 가깝게 접촉되는 부분), 불임, 호르몬 불균형
휴대폰을 배 위에 올려놓고 페이스북을 위아래로 스크롤링한다.	휴대폰은 복부(장기)에서 멀리하고, 오프라인으로 할 수 있는 게임을 한다. 특히 소화기에 문제가 있는 경우는 주의를 요한다.	장내 유산균 성장이 느려지고, 내장 천공(궤양) 식품 알레르기, 면역력이 감소한다. 반면, 칸디다 (Candida) 질환 발생, 기생충 및 그 외 감염원들의 독성은 더욱 증가한다.[407]

거리를 두기 위해 휴대폰을 손으로 잡고 있는 것은 어떤가? : 머리나 몸체 가까이 두는 것보다는 조금은 나을 것이다. 하지만 내가 우려하는 바는 손에 들고 있을 경우 기본적으로 매 60초마다 손목에 있는 요골 동맥(Radial Artery)으로 지나가는 모든 혈액(약 6리터)을 전자파 방사선에 노출시킨다는 것이다. 60초는 혈액이 전신을 한 바퀴 순환하는 데 걸리는 시간이다. 결론적으로 이것은 좋은 방법이 아니다.

블루투스 사용은 어떤가? : 블루투스에 관해서는 곧이어 "블루투스에 관한 모든 것"에서 다루려고 한다. 여기서 간단하게 말하면 블루투스는 휴대폰을 머리 가까이 대는 것보다는 약간 나을 수도 있다. 하지만 블루투스도 뇌와 거리 차이만 있지 휴대폰과 같은 유형의 EMF 방사선을 방출한다.

---

407 Dr. Dietrich Klinghardt 연구에 근거함. 다음 자료 참고. it-takes-time. com/2015/07/10/microbial-growth-and-electromagnetic-radiation/

EMF 방출 줄이기

또한 스마트폰이나 태블릿에서 방출되는 무선주파수 방사선을 줄일 수 있는 몇 가지 방법이 있다.

1. 4G/LTE를 비활성화 시킨다

4G/LTE로 유튜브 비디오를 다운로딩할 때 아이폰6에서 얼마나 많은 방사선이 방출되었는지 기억하나요? 3G 네트워크로 똑같은 일을 했을 때 약간 느리기는 하지만 방사선 양이 약 84%나 줄었다.

나는 특별히 빠른 다운로드 속도(비디오 스트리밍, Skype 등)가 필요하지 않는 한 스마트폰을 항상 3G 네트워크로 설정해 놓는다. 스마트폰의 설정에서 이렇게 할 수 있다.

아이폰 6[408](3G 네트워크)로부터 거리	무선주파수 방사선 최고 측정치(V/m)
머리 바로 옆[409]	1.69
7.6 cm	0.62
15.2 cm	0.38
30.5 cm	0.27
사전예방적 기준: 하루 동안 0.2V/m 이하로 유지.	

2. 신호가 나쁠 때는 사용하지 않도록 한다

EMF 활동가이자 교육자인 로이드 버렐(Lloyd Burrell)은 "어떤 휴대폰들은 신호가 좋지 않은 지역에서는 EMF 방출량을 1,000배나 증가시킬 수 있다"라고 말한다. 이는 신호가 잡히지 않은 각 신호 막대는 EMF 노출을 수백 배 증가시킨다는 것을 의미한다.[410]

스마트폰에 강한 5/5 (5개 신호선 중 5개 모두 선명한) 신호가 잡히지 않으면 사용하지 않도록 한다.

3. 움직이는 차량 안에서는 사용하지 않도록 한다

매일 아침 기차나 지하철로 이동 중 계속되는 지루함을 벗어나기 위해 휴대폰을 사용하지 않을 수 없다는 사실을 나는 잘 알고 있다.

---

408 야외에서 4G/LTE 네트워크 상태에서 유튜브 동영상을 보면서 측정함.
409 사용한 EMF 측정기가 배출원 바로 옆에서 사용할 수 있도록 만들어지지 않아서 관측치가 과장되었음.
410 electricsense.com

그래도 내가 권하고 싶은 것은 가능하면 "비행모드"로 항상 설정하는 것이다. 미리 다운로딩 한 팟캐스트, 음악 또는 비디오를 듣고, 오프라인 게임을 하며 온라인으로 하지 않아도 되는 일을 하는 것이 좋다.

전자파가 자유롭게 반사될 수 있는 커다란 금속 박스인 움직이는 차량 안에 있을 때는 운전자와 주변 사람들이 EMF에 노출되는 양은 엄청나게 증가한다는 사실은 놀랄 일이 아니다. 더군다나 신호가 약할 때 또는 휴대폰이 승차 전 구간에 걸쳐 각기 다른 안테나의 신호체계로 수신이 바뀔 때마다 방출되는 방사선은 증가하게 된다.

 나는 최근에 아이폰6를 비행모드로 설정한 상태에서도 GPS를 이용할 수 있는 방법을 알았다. 그래서 운전 중 휴대폰을 켜두어야 하는 이유가 전혀 없게 된 것이다.

- 비행모드를 비활성화한다.
- 구글 맵에 목적지를 설정하기 위해 와이파이나 3G에 연결하고 여정을 잡는다.
- 비행모드를 활성화한다.
- 놀랍게도 휴대폰은 여전히 GPS 역할을 한다.

무선주파수 방사선을 거의 방출하지 않는 애플의 위치 확인(Apple's Geolocation) 서비스 덕분에, 평소에 방출되던 EMF의 99%를 차단하고도 길을 찾아갈 수 있다. 이 기능은 다른 대부분의 스마트폰에서도 가능할 것이라고 생각한다.

태블릿은 안전하다고 생각하지 말 것

어떤 태블릿은 그 자체가 큰 휴대폰에 해당한다. 또 어떤 휴대폰은 덩치 큰 태블릿과 내부 장치가 똑같다. 특히 태블릿 안에 무선통신 네트워크와 연결될 수 있는 SIM 카드가 있는 경우에는 이 두 기기는 실질적인 차이가 없다.

앞에서 설명한 모든 내용들이 태블릿에도 그대로 적용되고 데스크톱이나 랩톱도 동일하지만, 이 두 기기에 관해서는 잠시 후 다루려고 한다.

태블릿의 가장 큰 실수라고 할 수 있는 것은 양 다리 사이에 두고 사용한다는 것이다. 이는 생식기를 향하여 "자 이제 너희들을 잠시 전자레인지에 돌리겠다. 괜찮지?"라고 하는 것과 똑같은 이야기다.

고환, 정자, 난소, 난자, 특히 건강한 호르몬 생성을 보호하려면 태블릿을 3G/4G 네트워크나 와이파이 연결과 상관없이 절대 신체 바로 가까이에서 사용하지 말아야 한다.

태블릿을 커다란 베개 위에 올려놓고 사용하면 거리를 늘릴 수는 있겠지만, 남자나 여자의 생식기 부위에 미치는 영향은 거의 줄어들지 않는다. 하지만 100달러 미만의 비용으로 아주 효과적인 해결 방법이 있다. 넷플릭스(Netflix)에 푹 빠져있으면서 태블릿으로 인터넷 검색도 즐길 수 있다.

휴대폰과 태블릿- 2단계
중간 수준

내 말을 좀 더 명확히 하자면, 아래 설명하는 모든 것들은 지금까지 제시한 쉽고 저렴한 EMF 저감 방법을 이미 적용하고 있는 경우에만 해당한다. 방법에도 순서가 있다.

EMF 줄이는 휴대폰 케이스 사용

전자파 방지용 휴대폰 케이스가 머리 바로 옆에 대고 몇 시간씩 통화해도 완벽하게 보호해 줄 것으로 생각하지 말아야 한다. 그렇지 않다.

개인적으로 중요한 일이 있거나 직장 상사가 시켜서 반드시 휴대폰을 사용해야 할 경우 케이스를 사용하면 몸에 노출되는 EMF 양이 줄어들 것이다.

휴대폰 케이스에는 매우 다양한 옵션이 있다. 내가 글을 쓰고 있는 지금은 휴대폰 케이스 모두를 열거하고 비교할 만한 시간과 자료가 없다. 어떤 케이스는 조잡한 기술로 실제로는 방사선 노출량을 증가시킨다는 이야기를 들은 적도 있다. 그래서 나는 최고 수준의 EMF 엔지니어들이 실험과 설계를 통해 제작된 Defender Shield사 제품을 고수하기로 결심하게 되었다.

Defender Shield를 추천하게 된 동기

Defender Shield는 다니엘과 라이언 드바운(Daniel and Ryan DeBaun, 아버지와 아들)이 운영하는 회사다. 다니엘은 통신업계에서 엔지니어로 30년 이상의 경력을 가지고 있으며 라이언은 통신 전문가다.

2017년 이들 부자는 내가 이 책을 집필하는데 큰 도움을 주고 있는 "Radiation Nation"이라는 대단한 책을 공동 저술했다.

Defender Shield사의 모든 제품들은 FCC가 공인하고 독자적으로 운영되는 연구소에서 검증되었다. EMF 활동가로서 그들이 한 노력에 비추어 볼 때, 나는 제대로 된 기능을 하는 제품들을 제작하기 위해 100% 기여했다고 확신한다.

Defender Shield사의 스마트폰 케이스 작동 방식은 일반적으로 인체를 향해 방출되는 EMF를 차단하는 동시에 측면을 개방시켜 스마트폰에 있는 안테나가 중계기와 계속 통신할 수 있도록 하는 것이다.

Defender Shield의 웹 사이트는 자사 제품이 "휴대폰에서 나오는 유해한 EMF 방사선을 거의 100% 차단함"이라고 주장하고 있다. 그렇게 주장할 수도 있지만 나는 그 제품이 휴대폰을 머리 가까이 대고 있는 것도 100% 안전하게 할 수 있다고 생각하지 않으며, 가능하면 1-foot 법칙(30cm 거리 두기)을 지킬 것을 다시 한 번 권한다.

에어튜브 헤드셋 사용하기

나는 항상 애플 이어폰을 사용한다(전화를 직접 받을 때는 매우 드물지만). 하지만 이것은 매우 민감한 사람들이나 일부 유형의 이어폰에 있어서 최선의 방법이 아닐 수 있다. 이유는 헤드폰에 내장된 금속선이 안테나 역할을 할 수 있고 그로 인해 일부 무선주파수 신호가 뇌로 전달할 수 있기 때문이다.

이어폰에 관해서 서로 상반되는 이야기도 한 적이 있다. 어떤 EMF 전문가들은 애플 이어폰이 완벽하게 안전하다고 하고, 다른 전문가들은 아주 민감한 사람들에게는 전혀 그렇지 않다고 한다.

가장 안전한 이어폰은 금속선이 아닌 속이 텅 빈 튜브를 이용하여 귀로 소리를 전달하는 방식인 "에어튜브 헤드셋(Airtube Headset)"이다. 이것은 EMF가 금속선을 타고 전달될 수 있는 가능성을 차단하는 것이다.

에어튜브 헤드셋은 어떤 종류의 스피커폰에서도 방출될 수 있는 낮은 수준의 자기장과 같은 피할 수 없는 EMF도 줄일 수 있는 장점이 있다. 스피커폰은 볼륨을 올리면 자기장이 더욱 악화된다.

빌딩생물학 전문가 오람 밀러(Oram Miller)가 추천하는 또 다른 방법은 5달러짜리 페라이트 비드(Ferrite Bead)를 헤드폰의 와이어에 설치하는 것이다. 이렇게 하면 문제는 해결된다.

EMF 조정 칩 사용하기

미리 이야기하지만 이 부분은 조금 이상하게 들릴 수 있을 것이다.

EMF의 위험을 줄이는 방법을 찾기 위해 구글 검색을 시작하는 순간 수십여 개의 회사에서 제작된 서로 다른 여러 EMF-조정기(Harmonizing Device)를 접하게 된다. 각 회사들은 휴대폰을 안전하게 사용하기 위해서는 자신들이 제작한 기기가 궁극적인 해결책이라고 주장하고 있다.

이러한 기기의 작동 방식은 휴대폰에서 방출되는 EMF를 조정함으로(감소시키지 않음) 인체와 전자파 방사선의 호환 가능성을 보다 높일 수 있도록 하는 것이다.

나름대로 각각의 장점이 있을 수 있는 다양한 장비들이 여러 가지 있지만, 간단히 말해서 여기서 언급하는 모든 것은 다음에 나열된 어떤 EMF-조정기에도 적용된다.

Sacred Geometry	Harmonizing Energies	Crystals
Scalar Energy	Subtle Energy	Orgonite
Shungite	Pulsed Electromagnetic Fields(PEMF)	Coherent Field Generators
Schumann Frequency Generators	Biogeometry	Chi Energy

나는 장래에 이 분야를 좀 더 깊이 있게 공부하고자 한다. 왜냐하면 전자파 과민증을 줄이는 일부 제품들의 효험을 보여주는 수많은 증거와 수십 편의 훌륭한 연구 자료들이 있기 때문이다. 심지어 플라시보 (Placebo: 가짜 약이나 기기로 심리적 효과만 주는 것) 비교를 통해 확실한 입증을 보여주는 것도 있다.

한편으로는 이 모든 연구들이 여전히 불분명하기 때문에 나는 다시 다음과 같은 빌딩생물학 전문가들이 제시하는 권고를 따르려고 한다.[411]

1. EMF를 차단하기 위한 유일 또는 첫 번째 수단으로 Subtle Energy Device(감지하기 어려울 만큼 약한 에너지 장치)를 사용하지 말라.
2. 그런 장치는 전자파 방사선을 피할 수 없는 상황에서 보완적 보호 수단으로 사용하라.
3. 특히 전자파 과민증이 있는 사람들을 위해 주거 및 작업 공간에서 EMF 감소 또는 제거 수단의 부속 장치로 그런 장치를 사용하라.
4. 통제할 수 있는 공간에서 EMF 방사선에 대한 노출을 줄이거나 제거하는 방법으로 활용해보라.

나는 환불이 보장된 스티커, 펜던트(목걸이 줄에 거는 장식품), 칩, 그리고 기타 EMF 조정기만을 구입하도록 사람들에게 권장하는 오람 밀러 (Oram Miller)와 마그다 하바스(Magda Havas)의 주장에 동의한다.

---

411 2015년 지침서. 다음 자료 참고. hbelc.org/pdf/standards/SEDs_v1.12.pdf

이런 기기들이 숙면을 취하거나 전자파 과민증을 완화시키는데 전혀 도움이 되지 않는다면 바로 환불 받도록 한다.

추천 제품

제품	가격대
페라이트 스냅 비드	$5
Defender Shield 휴대폰 케이스	$50-80
Defender Shield 태블릿 아이패드 케이스	$84-92
Defender Shield 에어튜브 헤드폰	$65

컴퓨터 - 1단계
쉽고 저렴한 방법

컴퓨터(랩톱 또는 데스크톱)는 와이파이나 블루투스로 연결되었을 때 스마트폰이나 태블릿 다음으로 많은 양의 무선주파수 방사선을 방출하는 것이 분명하며, 하드 드라이브와 전기 공급선에서도 엄청난 양의 자기장을 발생시킨다.

스마트폰이나 태블릿과 마찬가지로 컴퓨터도 상당량 EMF를 방출하기 때문에 현명하게 사용할 필요가 있다.

내 랩톱(MacBook Pro)에서 방출되는 무선주파수와 자기장

랩톱에서 관측된
무선주파수 수준: 6.98mG

사전예방적 무선주파수
안전기준: < 0.2V/m (day)

랩톱에서 관측된
자기장 수준: 321mG

사전예방적 자기장
안전기준: < 1mG (day)

컴퓨터는 몸에서 최소 30cm 거리를 둔다

믿기 어렵겠지만 랩톱은 원래 무릎 위에 놓고 사용하라는 것이 결코 아니었다. "Radiation Nation"[412]에서도 기술하고 있듯이, 1979년 나온 최초의 랩톱 컴퓨터는 무게가 10kg도 넘었다. 그래서 책상 위에 놓고 사용하게 되어있었다. 하지만 기술의 혁신적인 발전으로 지금의 랩톱은 무게가 1kg이하로 줄게 되어 무릎 위에 놓기 아주 좋게 되었다.

---

412 DeBaun, D. and DeBaun, R. (2017). Radiation Nation: The Fallout of Modern Technology — Your Complete Guide to EMF Protection & Safety: The Proven Health Risks of Electromagnetic Radiation (EMF) & What to Do Protect Yourself & Family. Icaro Publishing.

문제는 랩톱이 와이파이로 연결되면 엄청난 양의 무선주파수 방사선(휴대폰과 유사한 주파수)을 방출한다는 것이다.

불임을 방지하길 원한다면 랩톱을 책상 위에 놓고 사용하거나 EMF 차단 특수 받침대(IKEA 베개는 EMF를 차단하지 못함)를 사용하는 것이 좋다. 이에 관해서는 곧이어 좀 더 설명하겠다.

무선 키보드와 마우스? 감히 어떻게! 나도 사람이라서 EMF를 줄이기 위해 뭘 좀 해야겠어.

EMF에 특히 민감한 사람들은 랩톱과 거리를 조금이라도 더 멀리하고 싶을 것이다. 나는 개인적으로 자세도 바르게 유지하고 랩톱과 거리도 좀 더 멀리하기 위해 루스트 스탠드(Roost Stand, 외장 키보드와 마우스가 결합되어 있음)를 사용한다.

유선으로 하기

기억이 안 날 수도 있겠지만 몇 년 전만 하더라도 와이파이 같은 것은 없었다. 당시에는 컴퓨터를 유선으로만 인터넷과 연결해야 했다.

EMF 노출을 최소화하길 원한다면 유선 연결이 가야할 방향이다. 그 방법이 더 빠르고, 더 안전하고, 더 안정적이고, 더 건강에 좋다.

232

대부분의 전자제품 제조업체에서 컴퓨터에서 표준 이더넷 소켓 (Ethernet Sockets)을 제거하기 시작했기 때문에 좀 더 복잡해지기는 했지만, 지금도 거의 모든 기기들은 유선으로 연결할 수 있다.

유선 연결 방법	
랩톱	표준 RJ45 커넥터를 사용하거나 컴퓨터에 이더넷 소켓이 없는 경우 적절한 변환기를 사용한다.
태블릿 스마트폰	특정 기기에서 유선 인터넷을 사용하는 방법은 구글검색을 이용한다. 아이패드는 별첨 참조[413]

만약 유선으로만 연결하길 원하면 라우터 세팅에 와이파이 기능을 꺼라. 라우터에 연결된 기기가 없더라도 와이파이를 끄지 않으면 하루 24시간 일주일 내내 계속해서 라우터는 무선주파수 방사선을 방출할 것이다.

컴퓨터는 반드시 접지되도록 한다

데스크톱 컴퓨터에서 접지는 문제가 되지 않는다. 하지만 랩톱 컴퓨터를 사용할 경우 접지 여부는 사용자의 에너지와 정신력을 손상시키는 심각한 문제가 될 수 있다.

대부분의 컴퓨터 충전기는 기본적으로 접지되어 있다. 만약 세 발 플러그로 되어 있다면, 그것은 접지되어 있다는 것을 의미한다.

---

413 lifewire.com

하지만 만약 전기 코드에 11자 플러그로 되어 있다면, 그것은 랩톱이 어마어마한 전기장(Electric Fields) 발생원이 된다는 것을 의미할 뿐만 아니라, 키보드로 작업하는 동안 계속해서 낮은 레벨의 전기 충격

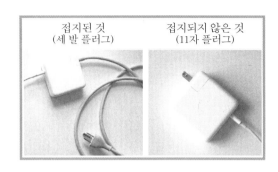

접지된 것
(세 발 플러그)

접지되지 않은 것
(11자 플러그)

(아무런 감각도 느끼지 못한 채)에 하루 종일 감전되어 있는 것이다.

한 사례 연구에 따르면,[414] EMF 경감 전문가 마이클 뉴어트(Michael Neuert)는 단지 접지되지 않은 컴퓨터 앞에 서 있는 것만으로도 1.9볼트의 표류전류가 신체 전압 방법(Body Voltage Method)으로 그의 몸을 관통한다는 것을 알게 되었다. 이것은 빌딩생물학 전문가들이 완벽하게 안전하다고 생각하는 수준보다 190배는 높은 수준이다.

 접지에 관한 것은 이 장 전체에 걸쳐 반복되는 주제가 될 것이다. 접지된 전자제품 = 좋은 것, 접지되지 않은 전자제품 = 나쁜 것인 동시에 에너지를 고갈시키는 엄청난 전기장 발생원이다.

컴퓨터 접지 확인 법

1. 충전기에 세 발 플러그가 있는지 확인한다.

2. 충전기에 11자 플러그가 있을 경우에는 컴퓨터를 벽에 있는 콘센트

---

414   다음 자료 참고. youtube.com/watch?v=33kTot8IBws

를 통해 지면에 연결하는 특수 USB 접지코드를 사용할 수 있다.[415]

3. 테스터 기기를 사용하여 콘센트의 접지가 제대로 작동하는지 확인
   한다면 보너스 포인트를 받을 만큼 잘하는 것이다.[416]

4. 당장 랩톱을 접지할 수 없다면 배터리 전원을 이용하고, 다음에 충
   전하도록 한다.

전기 코드와 충전기를 가지런히 두기

전기 코드와 충전기를 가지런히 정리해 두어야 할 아주 중요한 이유
가 있다. 이렇게 하는 것이 일하는 장소를 사진 찍어서 인스타그램에
올리려는 것이 아니다.

먼저 책의 맨 앞부분에서 정원에 물주는 호스를 예로 들어 전기장과
자기장의 차이점에 대해 설명했던 그 내용으로 다시 돌아가 보자.

- 호스에서 물(전기)이 흘러나오게 되면 이때 물이 나오는 곳 주변으로
  (이 경우 충전기 주변) 자기장 방사선이 방출된다.

- 호스 내부의 물(전기)의 압력은 호스(전선) 주변에 거대한 전기장을 형
  성한다. 이 전기장은 신체로 전달될 수 있다.

쉽게 말하면 이는 두 가지 의미가 있다. 발이나 다리를 충전기나 전
선 바로 옆에 놓지 말아야 한다. 바로 옆에 둘 경우 엄청나게 많은 불
필요한 EMF 발생원에 노출될 수 있다. 그렇게 되면 신체 에너지를 고

---

415   다음 자료 참고. lessemf.com/ground.html (costs $9)
416   Amazon.com에서 구입 가능 (costs $9)

갈시키거나 민감한 사람들의 경우는 다른 증상들을 유발시키고, 또는 일하는 도중에도 두통에 시달리게 될 수 있다.

전기장
(사용하지 않더라도 항상 코드 안에 있음)

충전기 바로 옆의 전기장 수준: 444V/m
사전예방적 전기장 안전기준: < 10V/m (day)

자기장
(충전 중에만 발생)

충전기 바로 옆의 자기장 수준: 467mG
사전예방적 자기장 안전기준: < 1mG (day)

그러면 컴퓨터 코드나 충전기로부터 얼마나 떨어져 있어야 할 것인가 라는 궁금증이 생길 것이다.

최소 30cm 정도는 떨어져야 하고 이 정도면 대부분의 자기장은 확실히 피할 수 있다. 하지만 전기장은 자기장보다도 영역이 훨씬 넓다. 그래서 발이 있는 곳으로부터 최소한 90cm 이상 떨어져 컴퓨터 코드를 두는 것이 좋다.

---

417 측정기가 배출원 아주 가까이에서는 민감도가 떨어지기 때문에 측정치가 과장될 수 있음, 참고 자료로만 사용.

컴퓨터 – 2단계

중간 수준

컴퓨터는 가능하면 항상 유선으로 연결하고 랩톱은 절대로 무릎 위에 놓고 사용하지 않으며, 접지되어 있어야 한다. 그렇다면 더 이상 할 말은 없다.

만약 컴퓨터를 무릎 위에 놓고 사용하려고 한다면, 명심해야 할 것은 커다란 베개나 쿠션을 사이에 끼워 넣어도 당신의 생식기로 쏟아지는 무선 주파수 방사선의 양은 그다지 차이가 없다는 사실이다.

좋은 방법은 Defender Pad(차단 패드)와 같이 제대로 만들어진 랩톱용 EMF 차단 플랫폼을 사용하는 것이다. 그렇더라도 이 경우 복부 장기나 타이핑할 때 손에 노출되는 방사선 양이 심히 우려된다. 민감한 사람들에게는 이 정도 노출도 분명 문제가 될 것이다.[418]

몸 전체나 아직 태어나지 않은 태아를 보호하기 위한 더 좋은 방법은 Belly Armor라는 기업체에서 생산되는 Belly Blanket(복부 담요)을 사용하는 것이다. 다시 강조하지만 더욱 안전한 방법은 랩톱을 테이블 위에 놓고 사용하는 것이다.

212페이지에서 언급한 중요한 가이드라인을 준수하고, 동시에 컴퓨터나 랩톱에 EMF 조정 장치를 사용할 수도 있다. 그리고 EMF 조정기

---

418 저자를 믿고 계속 따라와 주길 바람.

가 건강이나 전자파 과민증 증상에 어떠한 영향을 주고 있는지 확인해 보도록 한다.

추천 제품

제품	가격대
USB 접지 코드 (컴퓨터 코드가 접지되지 않은 경우 사용)	$9
Defender Pad (차단 패드)	$100-110
Belly Blanket (복부 담요)[419]	$69

블루투스

어떤 종류의 블루투스 장비이든 신체 가까이 두고 사용하고자 한다면 적게 사용할수록 좋다. 나는 그렇게 조언하고 싶다.

일반적으로 블루투스 장비들은 매우 낮은 수준의 EMF 방사선을 방출한다. 매우 낮다는 것은 좋은 현상이다. 하지만 블루투스처럼 신체와 아주 밀착하여 사용하거나 하루 24시간 일주일 내내 착용할 수 있는 특정 장비들은 심각한 문제가 될 수 있다.

등급 1의 기기들은 사용하지 말 것

EMF 활동가인 로이드 버렐(Lloyd Burrell)에 따르면[420] 블루투스 기기들은 세 가지 등급으로 분류된다.

---

419 이것 사용하기 위해 임신할 필요는 없음. 실리콘 밸리의 임원들은 랩톱으로 일하면서 하루 종일 사용한다고 들었음.

420 electricsense.com

블루투스 등급	거리(m)	출력(mW)
1	90	100
2	10	2.5
3	< 10	1

등급 3의 기기는 등급 1의 기기에 비해 100배보다 훨씬 더 낮은 EMF 를 방출하므로 확실히 좋은 선택이 될 수 있다. 하지만 유감스럽게도 현재 제조기업체들은 생산하는 기기들이 어느 등급의 블루투스를 사 용하며, 얼마의 방사선을 방출하는지 밝히도록 되어있지 않다. 어떤 제품을 구입하던지 반드시 사전에 조사를 하고 제조기업체에 문의하 는 것이 좋다.

휴대폰의 경우, 블루투스 이어피스보다는 이어폰을 사용할 것을 추천한 다. 하지만 꼭 블루투스 이어피스를 사용하고자 한다면 다음 "등급 2" 이어피스 목록을 참고하라.[421]

- *Plantronics Voyager Legend*
- *Plantronics Backbeat*
- *Motorola S305 Bluetooth Stereo Headset*
- *LanAuBluetooth Headphones*
- *Avantree Bluetooth Over Ear Headphones*

---

421 Burrell에 따르면 구식 등급 3 이어피스는 더 이상 나오지 않고 보다 좋은 등급 2로 대체되었다고 함.

만약 이러한 충고를 무시하고 그저 아무 이어피스나 구입한다면, 기술적으로는 휴대폰 자체보다도 훨씬 더 많은 방사선에 뇌를 노출시킬 수 있다는 사실을 명심해야 한다.[422]

신체 착용 제품은 "비행모드"로 설정 가능한 것을 사용하라

건강관리 전자제품 제조업체들은 소비자의 요구에 부응하기 시작했다. 일부 업체들은 소비자가 원하는 경우 기기 내부에 블루투스 기능을 끌 수 있도록 하는 옵션을 제공한다. 이는 필요할 경우 다시 블루투스를 작동시키기만 하면 된다는 의미다.

좋아하는 블루투스 기기를 찾았는데 하루 24시간 일주일 내내 방사선을 방출한다면 제조사에 연락하여 블루투스 기능을 끌 수 있는 옵션을 원한다고 말하라. 더 많은 소비자들의 요구가 있을수록 제조업체들은 더 빨리 주의를 기울이게 되고 더욱 안전하고 좋은 제품을 제공하게 될 것이다.

금속성 물질

나는 이 내용을 책의 어느 부분에 넣어야 할지 정말 판단하기 어려웠다. 하지만 신체의 내부와 외부에 착용하는 금속성 물질들이 어떻게 안테나와 같은 역할을 하며, 주변 환경에서 EMF를 끌어당길 수 있는

---

422 EMF 전문가 Michael Neuert는 블루투스 이어피스에서 나오는 무선주파수 방사선이 휴대폰에서 나오는 것보다 7배나 높게 측정한 경우도 있다고 한다.

지를 설명하는 것 또한 매우 중요하다.

	우려 사항	해결 방안
문신	잉크에 사용되는 중금속은 MRI[423]에 반응한다고 알려져 있으며, 일부는 이러한 중금속이 환경에서 방출되는 EMF에도 반응할 수 있다고 생각한다.	금속이 없는 잉크를 선택한다. 스스로 연구하도록 한다.
금속 안경테	금속 안경테를 쓰면 휴대폰 방사선이 더 강해질 수 있다.[424]	플라스틱 또는 나무 안경테를 선택한다.
치과용 아말감 또는 치아 고정 장치	아말감이 휴대폰[425] 및 와이파이[426]에 노출되었을 때 더 많은 수은이 용해된다.	치과용 아말감을 안전하게 제거하는 방법을 아는 치과의사를 찾는다.[427]
차폐복	득보다 더 많은 해를 입힐 수 있고 실제로 EMF 노출을 악화시킬 수 있다.[428]	믿을 수 있는 회사의 제품을 구입하고, EMF 측정기를 이용하여 사용전과 후를 항상 점검한다.
금속 언더 와이어로 된 브래지어	브래지어의 언더와이어와 유방암 사이의 연관성은 아직 분명하지 않지만, 가능성이 없다고 할 수 없다.[429]	언더와이어가 없는 브래지어를 착용한다.[430]
금속 장신구	심각한 전자파 과민증이 있는 일부 사람들의 경우 몸에 금속을 착용하고 있으면 더 아프다고 한다.[431]	비금속 장신구를 사용한다.

423 livescience.com

424 ncbi.nlm.nih.gov

425 ncbi.nlm.nih.gov

426 ncbi.nlm.nih.gov

427 이런 치과의사를 찾으려면 다음 사이트에 들어가면 됨. iaomt.org/search/

428 Lloyd Burrell의 관련 논문은 다음 사이트에 있음: electricsense.com/9354/emf-shielded-clothing-work/

429 가장 설득력 있는 가설은 브래지어가 유방의 림프 순환을 줄일지 모른다는 것. 하지만 금속 언더와이어가 유방 조직에 흡수되는 EMF 양을 증가시킬 수도 있다는 사실도 가능성이 없다고 할 수 없음. 다음 자료 참고 breastcancerconqueror.com/take-off-your-bra/ and emfacts.com/2005/11/breast-cancer-and-microwaves/

430 아이러니컬하게도 이런 것들을 종종 "와이어가 없는" 브래지어라고 함.

431 weepinitiative.org

주거 환경
낮은 수준의 EMF 주거 환경 만들기

세 가지 핵심 사항

1. 야간에 와이파이 끄기
2. 야간에는 침실(또는 집 전체) 전기회로 차단하기
3. 형광등(CFL) 전구, 베이비 모니터, 무선전화기 없애기

낮은 수준의 EMF 주거 환경 만들기

며칠간 도시를 떠나 자연에서 시간을 보낼 때 어떤 느낌이 드는가? 아주 좋은 느낌? 더욱 안정된 느낌? 집중력도 좋아지고 생동감 있는 느낌?

이런 느낌이 드는 이유는 자연에서는 EMF가 매우 낮기 때문이다.[432] 나를 포함한 이 책에서 언급하고 있는 수백 명의 다른 전문가들도 이러한 느낌을 확신하고 있다.

하루 중 3분의 1을 보내는 주거 환경에서 EMF를 줄이는 것은 유해한 환경으로부터 몸을 보호하여 건강을 증진시키는데 모든 면에서 당연히 도움이 된다.

몇 년 전에, 투자자이자 EMF 활동가인 피터 설리반(Peter Sullivan)은 EMF와 자폐증과의 연관성에 관해 발표하는 컨퍼런스(Autism One conference)에서 특수 제작된 Low-EMF 텐트를 설치했다.

설리반은 대부분의 사람들이 텐트 안에 들어가는 즉시 느낌이 달라졌다는 사실을 발표했다.[433] 그들은 좀 더 안정적이고 집중적인 느낌이 들었다고 한다. 특히 예민한 사람들에게는 그 느낌이 인생을 바꿀만한 것이 될 수도 있었다.

---

432 불행하게도 시골에도 수많은 셀 타워가 세워져 지금은 낮은 EMF 환경은 보호종으로 분류되어야 할 지경이 되었음.

433 youtube.com

어떤 여성의 경우는 텐트에 들어간 지 20여 분 만에 투렛 증후군 (Tourette Syndrome: 안면과 성대 경련 증상)이 사라졌다. 같은 일이 몇 년 동안 이명으로 고통을 받던 사람에게도 일어났다. 자폐아들은 훨씬 안정적으로 되어 그대로 바닥에서 잠들어 버렸다. 누구나 그 자리에 있었으면 자폐아들이 "아 정말, 저는 평생 동안 이 커다란 소음이 멈추기만을 기다려왔어요!"라고 말하는 것을 들을 수 있을 것이다.

경고: 이제 곧 엄청난 일이 당신을 압도할 것이다

나는 몬트리올에서 내 아내이자 사업 파트너인 제네비베(Geneviève) 랑 함께 살았던 작은 아파트에서 여러 EMF 발생원을 찾아내기 시작 했을 때 나를 엄습한 그 느낌을 기억한다.

스마트미터들, 내 휴대폰으로 감지되는 20여 개의 와이파이 네트워크 들, 낡고 잘못된 전기 배선, 셀 타워들? 또 어디에 셀 타워가 설치되어 있을까? 만약 내가 그것들을 보지는 못했지만 내가 잠든 사이 여전히 내 두개골을 향해 전자파를 발사하고 있었다면? 내 라우터는? 내 머리맡에서 충분히 떨어져 있는 걸까?

당신들은 행운아다. 내가 EMF 해결 방안(문제점만 나열하지 않고)을 충분한 시간을 갖고 연구해서 이제 곧 당신들에게 피해망상이나 두려움에 떨게 하는 대신 용기를 줄 수 있을 것이다.

이제 당신들의 주거 환경이 어떤 상황인지 상관없이 EMF를 줄이기 위해 무엇을 최우선으로 해야 하는지, 그리고 각 방에서 해야 할 일을 알려주겠다.

우선 쉽고 저렴한 방법을 먼저 알리고, 그 다음으로 좀 더 비싸지만 바람직하고 좋은 해결책을 제시하려고 한다. 또한, 어떤 상황에서 집 안의 EMF 수치를 측정하고 문제를 해결하기 위해 고급 기술을 제공할 수 있는 빌딩생물학 기사 또는 EMF 경감 전문가를 고용할 것인지 알려주겠다.

집에서 우려되는 6대 EMF 발생원

• 와이파이 라우터	• 정체불명의 와이파이	• 회로차단 패널
• 유해전기	• 가스관과 수도관에 흐르는 전류	• 배선 오류

와이파이 라우터 - 1단계
쉽고 저렴한 방법

EMF를 줄이기 위한 첫 번째 황금법칙, "발생원을 제거하라"를 기억하나요? 전자파 과민증으로 고통을 받고 있거나 집에서 아주 낮은 수준의 EMF 환경을 조성하고 싶다면 와이파이 라우터를 제거하고 옛날처럼 100% 유선 방식으로 하는 것이 좋다.

만일 이 방법이 가능하지 않다면, 두 번째 법칙을 적용해야 한다. 거리를 늘리고 노출 시간을 줄여야 한다. 다음에 제시하는 몇 가지 방법을 실행하는 것만으로도 도움이 될 것이다.

라우터를 멀리 두도록 한다

첫 번째 임무는 연결 문제로 인하여 짜증나지 않을 정도의 좋은 신호를 잡을 수 있는 상태를 유지한 채, 와이파이 라우터를 생활공간에서 가능한 멀리 두도록 한다. 어떤 사람들에게는 부실한 연결 상태로 인해 나타나는 정신적 피해가 EMF 자체 영향보다도 더 나쁠 수도 있다.

부엌에 앉았을 때 0.56V/m

사전예방적 무선주파수 안전 기준 < 0.2V/m (day)

불행하게도 나는 작은 공간에 살고 있기 때문에 우리 집 라우터는 부엌 테이블에서 1.2~1.5m 떨어져 있다.

대도시에 거주하면서 120여 개나 되는 와이파이 네트워크들(모두가 제각각이고 때로는 저속하고 놀라울 정도로 독특한 이름을 가진)이 감지되더라고 너무 괘념하지 말라. 이웃에 우리가 할 수 있는 방법이 아무것도 없고, 우리 집에 있는 와이파이 라우터가 더 가깝기 때문에 수천 배나 높은 수준의 전자파를 방출하고 있다.

라우터에서 멀면 멀수록 좋다. 얼마나 떨어져야 좋은지 정확한 숫자로 원한다면, Radiation Nation[434]의 저자가 권하는 최소한 3미터 거리를 따르도록 하자.

와이파이는 벽도 쉽게 통과한다는 사실을 명심해야 한다. 즉 라우터가 다른 방에 있으면 최소한 10-feet 규칙(3m 거리 두기)이 적용되지 않을 것으로 생각하면 오산이다.

사용하지 않을 때는 라우터를 꺼두도록 한다

대부분의 사람들은 하루 24시간 일주일 내내 와이파이 라우터를 켜놓기 때문에 사용하지 않을 때 라우터를 꺼도 되는지, 또 끄면 인터넷 접속이 끊겨 버리지는 않는지 궁금해 하기조차 한다.

하지만 전혀 염려할 것 없다. 라우터 플러그를 뺀다고 해서 아무 일도 일어나지 않는다. 대신 전기요금이 약간 줄어들 것이고, 이 모든 신호들로부터 인체는 충분한 휴식을 취할 것이다.

와이파이 라우터를 꺼야 할 가장 중요한 시간은 밤이다. 밤에는 페이스북이나 인스타그램을 하면서 절대 깨어있으면 안 된다. 이유는 높은 수준의 EMF 환경으로 인해 깊은 REM 수면으로 몸이 회복되는 것을 방해하여 아주 나쁜 영향을 주기 때문이다.

---

434 DeBaun, D. and DeBaun, R. (2017). Radiation Nation: The Fallout of Modern Technology — Your Complete Guide to EMF Protection & Safety: The Proven Health Risks of Electromagnetic Radiation (EMF) & What to Do Protect Yourself & Family. Icaro Publishing.

만약 당신이 가족 중에서 마지막으로 잠자리에 드는 사람이 아니라면 크리스마스 조명에 사용하는 플러그 인 타이머나 내가 아마존에서 구입한 것과 같은 원격제어 콘센트를 설치하도록 한다.

아래 "추천 제품"란에서 내가 권장하는 모든 제품들을 공유할 것이다.

라우터 출력을 줄이도록 한다

특정 와이파이 라우터는[435] 관리 설정에서 신호의 출력, 또는 "신호 세기"를 줄일 수 있다. 설정을 이리저리 조절해 보면서 신호 연결에 문제없는 수준까지 낮추면 된다. 이렇게 하면 EMF 방출량을 현격하게 줄일 수 있다.

침대에 편하게 누워 그냥 클릭만 해서 라우터를 끄고 숙면을 취한다.

이러한 설정에 와이파이 신호를 모두 끄는 옵션도 있다. 집 전체를 유선으로 연결하길 원하면 이 옵션을 사용한다. 대부분의 사람들이 생각하는 것과 달리 라우터에 유선으로 연결한다고 해서 무선 신호 방출이 멈추는 것은 아니다.

---

435 내가 말하는 것을 만약 모르겠다면 웹브라우저를 사용하여 라우터 세팅하는 방법을 읽어볼 것. pcmag.com/article/346184/how-to-access-your-wifi-routers-settings

공공 와이파이 끄기

공공 와이파이(Public Wifi)란 무엇인가? 지난 몇 년 동안 일부 인터넷 제공자들이 고객들에게 와이파이 서비스를 제공하면서 설치한 라우터에 어떻게 보면 숨겨둔 일반인용 와이파이다.

2013년부터 미국의 컴캐스트(Comcast) 사는 "와이파이를 지속적으로 보급하여 전국토를 EMF로 뒤덮을 도저히 말도 안 되는 프로젝트"를 실시해왔다.[436] 이를 실행하기 위해 컴캐스트는 집에서 자동적으로 공공 와이파이 네트워크를 발생시키는 라우터를 보급해왔다. 이는 이웃집에서도 온라인을 이용할 수 있고 거리를 활보하는 누구나 비디오 게임을 할 수 있도록 하루 24시간 일주일 내내 EMF를 방출한다.

나는 사람들이 이 공공 와이파이를 끄는데 많은 어려움을 겪고 있다는 얘기를 여러 경로를 통해 들었다. 대다수의 경우, 컴캐스트 측에서 공공 와이파이 옵션을 껐다고 여러 차례에 걸쳐 확인한 후에도 와이파이는 여전히 그들의 집 안에서 방출되고 있었다.

만약 아래 회사의 와이파이 라우터가 설치되어 있다면,[437] 전화를 걸어 공공 와이파이를 확실히 끄라고 해야 한다. EMF 측정기가 있다면 그들이 공공 와이파이를 껐는지 확인할 수 있으니 훨씬 좋다.

---

436 money.cnn.com
437 이들만으로 충분하지 않을 수 있음. 매년 새로운 회사들이 이러한 경향에 참여하고 있음.

미국과 캐나다 : Comcast, Cablevision

유럽 : BT, UPC, Virgin, XLN

불행하게도, 공공 와이파이가 개인용 라우터에 은밀하게 설치되는 현상이 확산되고 있다. 쥬니퍼 리서치(Juniper Research)에서 이루어진 한 연구에서 2017년 초 미국에서 판매된 총 라우터의 3분의 1에 공공 와이파이가 설치되어 있다는 것이 밝혀졌다.[438]

와이파이 라우터 – 2단계
중간 수준

JRS Eco-Wifi Firmware(Asus 라우터에 설치됨)

전 세계 거의 모든 전기 엔지니어들이 더 넓은 공간을 더 빠르고 더 강력하게 연결할 수 있는 와이파이 라우터를 설계하는데 초점을 맞추고 있는 동안 한 남성이 거의 세계 최초이자 유일하게 "Low-EMF"[439] 라우터를 개발했다.

잔럿거 슈레이더(Jan-Rutger Schrader) 박사는 속도나 공간적 범위에 영향을 주지 않으면서 기술적으로 측정 가능한 수준까지 EMF 배출을 줄인 와이파이 라우터를 개발했다.

---

438 slate.com
439 이 라우터가 적은 양의 EMF를 배출한다고 해도 나는 그 옆에 서 있거나 밤에 켜두라고 권하지 않는다.

믿기 어렵겠지만 슈레이더 박사는 단순히 신호의 펄스 속도를 변화시킴으로 이루어냈다. 이는 다른 제조사들도 만약 고객(바로 여러분들!)들이 더욱 안전한 장비를 요구하기 시작했더라면 해낼 수 있었던 것이었다.

슈레이더 박사는 이 와이파이 라우터는 사실상 전 세계 어느 인터넷 서비스 제공업체와도 연결하여 사용할 수 있다고 말한다. 하지만 좀 더 확실히 하기 위해서는 이 라우터를 설치하기 전에 인터넷 고객 서비스팀에 연락해서 확인하는 것이 좋다.

라우터 가드 사용하기

와이파이 라우터의 출력을 수동으로 줄일 수 없다면 다른 방법은 라우터를 작은 패러데이 케이지(Faraday Cage) 역할을 하는 차폐된 "라우터 가드(Router Guard)" 안에 넣는 것이다.[440] 이 방법은 EMF 배출뿐만 아니라 연결 속도도 줄인다. 만약 작은 집이나 아파트에 산다면 좋은 방법이 될 것이다.

---

440 패러데이 케이지나 쉴드는 전자기장 차단에 사용되는 보호 상자임.

추천 상품

제품명	가격대
Century 24 Hour Plug-in Mechanical Timer	$10
Etekcity Wireless Remote Control Electrical Outlets	개당 $12, 3개 $20
JRS Eco-Wifi Firmware(Asus 라우터에 설치됨)	$74-222
LessEMF.com Router Guard	$53

정체불명의 와이파이 발생원 - 1단계
쉽고 저렴한 방법

전체 개인용 라우터 3분의 1에 설치된 아주 은밀한 공공 와이파이를 제외하고도 집에는 바로 코 밑에서 보이지 않는 무선주파수 신호를 방출하는 수많은 전자제품들이 있다. 놀라운 일이다.

기업들이 전기 스위치에서부터 식물에 이르기까지 모든 것들을 인터넷으로 조절하는 스마트 홈과 사물 인터넷에 관련된 사업을 끊임없이 추구하기 때문에, 내가 애용하는 것과 같은 측정기를 가지고 있거나 EMF 전문가(항상 적극 권장함)를 고용하지 않는 한 주택에서 나오는 정체불명의 EMF 발생원을 확인하기란 점점 어려워질 것이다.

베이비 모니터 제거하기

대놓고 말하자면 아기 침대에 베이비 모니터를 달아둔다는 것은 4G 스마트 폰을 쓰는 것이나 다름없다. 왜냐하면 어떤 모니터들은 그 자체가 작은 중계기 안테나이기 때문이다.

빌딩생물학 전문가 오람 밀러(Oram Miller)는 2014년 CBS 채널2 지역 뉴스와의 인터뷰[441]에서, 베이비 모니터 가까이에 방출되고 있는 6.14V/m의 무선주파수 방사선을 측정했다. 이것은 야간에 유지해야 하는 사전예방적 수치 0.06V/m보다 무려 102배 이상 많은 것이다.

베이비 모니터와 관련된 더욱 안전한 옵션을 알기 위해서는 "어린이" 섹션으로 장을 넘기면 된다.

무선전화기 없애기

무선전화기 일종인, "DECT" 전화는 어떤 휴대폰, 와이파이 라우터 또는 베이비 모니터보다도 훨씬 더 나쁘다.

무선전화기 출력은 모델에 따라 다르다. 하지만 EMF 수준을 정확하게 파악하기 위해 미터기로 직접 측정하거나 전문가에게 의뢰하여 조언을 받지 않는 이상 가정에 있는 무선전화기는 없앨 것을 강력히 권유한다.

---

441 youtube.com

라스베가스 호텔 59층에서 완전 틴포일 체제로 돌입하다. 커다랗고 아늑한 침대, 푹신한 베개... 어, 잠시만... 그런데 왜 무선전화기를 틴포일로 감싸 버렸을까?

아무것도 모르는 인테리어 디자이너들은 최고급 호텔의 아름답게 꾸며진 객실 침대 바로 옆에 DECT 무선전화기를 두는 것이 럭셔리한 품격을 한층 더 높일 것이라 생각했을 것이다.

그러나 내가 미터기로 EMF를 측정했더니 DECT 전화기 바로 옆에서 26V/m 수치가 나왔다. 그래서 나는 값비싼 칵테일을 한 잔도 하지 않고 다음날 숙취 상태로 깨어날 수 있음을 감지했다. 결국 나는 "완전 알루미늄 호일 방어" 체제로 들어가 결국 DECT 전화기를 알루미늄 호일로 꽁꽁 감쌌다.[442] 그 결과 60cm 정도 떨어진 곳에서 측정된 수치가 0.32V/m로 아주 좋아졌다. 나는 알루미늄 포일로 싼 무선전화기 사진을 인스타그램에 올렸다.

사용하지 않을 때는 모든 스마트 기기와 와이파이 연결 기기들의 플러그를 뽑아라

가정에서 낮은 수준의 EMF로 건강한 환경을 조성하길 원한다면 모든

---

442 알루미늄 포일은 사실 무선주파수 방사선 차단에 아주 좋은 물질로 전자파 과민증이 있는 사람은 이것으로 만든 모자를 쓰기도 함.

스마트 기기와 와이파이 연결 기기들의 플러그를 뽑는다. 대부분의 스마트 기기들은 스위치가 꺼진 상태에서도 하루도 빠짐없이 24시간 펄스 무선주파수 신호를 방출한다. 사실 이런 점에서 스마트 기기들은 스마트가 아니라 아주 바보 같은 것들이다.

충분히 이해될 수 있도록 다시 한 번 말하자면, 스마트 기기들은 큰 OFF 스위치를 클릭해도 계속 신호를 방출하고 있다는 것이다.

나는 Xbox 360(무선 게임 조절기)도 완전히 플러그를 뽑지 않는 한 하루 24시간 일주일 내내 와이파이 라우터와 연결하려고 한다는 것을 알고 매우 놀랐다. 이것은 내가 하루 중 Xbox를 사용하지 않는 23시간 동안에도 나의 몸은 전혀 쓸데없는 방사선에 여전히 노출되고 있다는 것을 의미한다.

Xbox 360으로부터 30cm 떨어져서
측정한 무선주파수 수준: 0.74V/m

사전예방적 무선주파수 기준 < 0.2V/m(day)

최근에 생산 보급되는 "스마트" 가전제품 또한 1년 365일, 하루 종일, 매초, 때로는 1초에 수차례씩 첨단 "스마트" 유틸리티 미터와 연결된다. 얼마나 전기를 사용하는지, 언제 냉장고를 열고 닫는지, 또 언제

세탁기를 사용하는지 등과 같은 여러 가지 정보를 전송하기 위해 유틸리티 미터는 가전제품과 끊임없이 무선으로 연결하고 있다.[443]

대부분의 스마트 TV에서도 같은 일이 일어나고 있다. 말이 대부분이지 아마 모든 스마트 TV에 해당된다. 요즘 나오는 스마트 TV는 설정에서 와이파이나 블루투스 연결을 종료시키는 옵션조차 들어있지 않다.

게다가 삼성은 고객들에게 스마트 TV 앞에서는 전원이 꺼진 상태에서도 개인 정보에 대해 이야기하지 말 것을 권장하고 있다. 만약 스마트 TV에 음성인식 기능을 작동해 놓았다면[444] TV 앞에서 말한 정보가 제3자에게 판매될 수 있기 때문이다. 이는 마치 "조지 오웰의 1984년"에 나오는 이야기와 같다.

이것이 주는 교훈은? 밤에는 이러한 기기들의 플러그가 뽑혀져 있는지 확인하고, 가능하면 가정에 스마트 기기들을 최소화하도록 한다.

정체불명의 와이파이 발생원 - 3단계
EMF 전문가

이 부분을 매번 반복하지 않겠지만, 내가 이 장에서 다루는 모든 이슈

---

443 EMF 활동가 Lloyd Burrell의 다음 동영상 설명 참고. youtube.com/watch?v=yqomG3xmAcQ
444 이것은 마치 음해하기 위한 것처럼 들릴지 모르지만 그렇지 않음. 다음 사이트 참고 https://theweek.com/speedreads/538379/samsung-warns-customers-not-discuss-personal-information-front-smart-tvs

들은 EMF 전문가나 빌딩생물학 관련 공인 기사들과 함께 작업할 때 더욱 잘 처리할 수 있다는 사실을 인정한다.

이들은 경험이 아주 풍부하고 성능이 뛰어난 측정기를 사용하기 때문에 입문 수준의 이 책보다 훨씬 우수한 방법으로 주택의 EMF를 찾아내고 줄인다. 그래서 전문가를 활용하는 것이 크게 도움이 될 수 있다.

전원 차단기

이번 내용은 짧고 알차다.

만약 집 안으로 들어오는 전기에 대한 전원 차단기가 생활공간에서 멀리 떨어져 (3미터 이상) 있다면 이 부분은 건너 뛰어도 된다. 하지만 침실이나 아이들이 노는 곳과 가까이 있다면 문제가 된다.

강력한 전기 변압기 가까이에 있

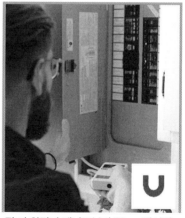

집 안 차단기 패널로부터 30cm 떨어진 곳의 자기장 수준: 3.3mG

사전예방적 안전기준: < 1mG (day)

으면 항상 주변에 강한 자기장이 있는 것은 확실하다.

다행히 자기장 수치는 거리에 따라 급속히 감소한다. 그래서 좀 전에 말한 것처럼 생활공간 바로 옆에 있지 않으면 그다지 문제가 되지 않는다. 하지만 침실 벽 바로 뒤쪽에 있는 경우는 EMF 전문가의 도움을 받아 자기장 수치를 측정하고 주거 환경을 안전하게 해야 한다.

유해전기

유해전기는 기본적으로 집 안에 흐르는 전기가 얼마나 깨끗한지 알려주는 지표다.

집 안에 흐르는 전기가 깨끗하지 않을수록 인체에 해로운 전기장[445]이 벽에 있는 전선에서 더 많이 방출될 것이다. 매우 높은 수치의 유해전기 노출은 대부분의 사람들에게 불안정한 혈당, 수면 장애, ADHD, 우울증, 피로 등과 관련이 있다.

이 부분은 내가 EMF 관련 일을 하는 일부 사람들로부터 많은 공격을 받을 수 있을 것이다. 하지만 아무튼 나는 불편하거나 말거나 내가 진실이라 판단하는 것을 여기서 말하려 한다.

집 안의 유해전기를 감소시키고자 인터넷을 뒤지면, 문제를 해결해준다는 플러그 인 방식의 "유해전기 필터"라는 제품을 즉시 보게 될 것

---

445 "중간 주파수"라 불리는 것 — 300Hz to 10MHz

이다. 집 주변에 약 20여 개 가량(이 경우 약 $700 정도 소요됨)의 필터를 집 안에 꼽기만 하면 되는 것이다.

마그다 하바스(Magda Havas) 박사와 전기 엔지니어 데이브 스테처 (Dave Stetzer)에 따르면,[446] 특수 필터를 사용하여 단지 유해전기의 수치만 줄여도 전자파 과민증 치료, 당뇨병 치유 효과, 어린이 ADHD 증상 완화, 그 외 다수의 놀라운 회복으로 이어졌다. 여기까지는 아주 좋다.

하지만 이 이야기는 어두운 측면도 있다. 어떤 경우, 아주 민감한 사람들은 필터가 설치되고 나서 더욱 증상이 악화되기도 한다. 또 다른 경우, 배선에 결함이 있을 때 필터가 설치되면 거주 공간에 매우 높은 수준의 자기장이 만들어질 수도 있다.

유해전기 전문가 마이클 슈와베

나는 일부 사람들에게는 도움이 되지만 다른 사람들에게는 해가 될 가능성이 있는 해결책에는 만족할 수 없다. 이런 것은 이해하기 힘든 일이다.

그래서 나는 이 분야를 많이 연구하고 풍부한 정보를 책으로 낸 베테랑 빌딩생물학 전문가인 마이클 슈와베(Michael Schwaebe)와 연락하기로 마음먹었다. 고맙게도 마이클은 전화통화(유선전화)를 통해 이 책

---

446 magdahavas.org

의 유해전기 부분을 집필할 수 있도록 도와주었다.

마이클이 내게 알려준 유해전기를 줄이는 황금 법칙은 다음과 같다[447]:

1. 필터를 설치하기 전, 먼저 유해전기 발생원을 제거한다.
2. 필터를 설치하기 전, 건물의 배선 오류를 찾아 문제를 해결한다.
3. 필터를 설치한 후 상태가 악화되었다면 필터를 제거한다. 상태가 호전 되었다면 필터를 유지한다.
4. 필터 주변에는 강력한 자기장이 형성되므로 인체에서 최소한 30cm 떨어 지도록 한다.[448]
5. 특정 유해 전기 발생원을 걸러내기는 매우 어려우므로 전문가의 도움 이 절대적으로 필요하다(특정 유해전기를 이해하기 위해서는 계속 읽 어보기 바람).

마이클의 조언을 기반으로, 집에서 어떻게 하면 유해전기를 최대한 줄일 수 있는지 내 나름대로의 방법을 생각해냈다. 내가 생각한 방법 은 항상 쉽고 저렴한 방법에서 시작하여 EMF 전문가의 도움을 받아 야하는 단계까지 구성되어 있다.

447   빌딩생물학 전문가 Michael Schwaebe와 2017년 5월 10일 전화 통화 내용.
448   electricsense.com

유해전기 - 1단계
쉽고 저렴한 방법

유해전기 발생원을 제거하는 것이 내가 말하는 가장 저렴한 방법은 아니다. 이 책을 내려놓자마자 바로 그렇게 할 필요도 없다. 예산이 허락하는 한도에서 유해전기를 발생하는 전기전자제품들을 좀 더 나은 것으로 시간을 가지고 천천히 교체하도록 한다.

높은 유해전기 발생원 제거

제1장에서 설명한 바와 같이, 가장 많은 유해전기를 발생시키는 것은 전선으로 들어오는 교류(AC)를 대부분의 전자기기에서 사용되는 직류(DC)로 바꾸는 전환기다. 또 전류의 흐름을 방해함으로써 작동하는 대부분의 전기전자제품들도 유해전기를 많이 발생시킨다.

유해전기를 많이 발생시키는 가장 좋은(최악) 예는 CFL(소형 형광등)이다. 에너지 효율적인 이 전구가 전기를 절약하는 방법은 적어도 초당 2만 번 이상 "껐다 켰다"를 반복하면서 깜박거리는 것이다.[449]

대부분의 LED 조명과 형광등도 마찬가지다. 유감스럽게도 현재로서는 나는 당신들이 사용하는 전구가 문제인지 아닌지 확인할 수 있는 저렴하고 신뢰할 수 있는 방법을 찾지 못했다.

---

449 Dr. Samuel Milham, Dirty Electricity: Electrification and the Diseases of Civilization.

현재로서는 다음과 같이 높은 유해전기 발생원을 제거하도록 하는 것이다.

- CFL 전구
- 형광등
- LED 전구(유해전기 없음이 검증되지 않은 경우)
- 할로겐 전구(유해전기 없음이 검증되지 않은 경우)
- 조광기 스위치

그리고 이러한 제품들을 유해전기를 발생시키지 않는 다음 깨끗한 조명 기기로 교체한다(추천 제품을 참고 한다).

- 백열등, 구식 전구
- 백열 할로겐 전구
- 낮은 유해전기 LED 전구

이들 중에서 내가 개인적으로 추천하고 싶은 것은 구식 백열등이다. 왜냐하면 구식 백열등은 다른 전구에 비해 태양에서 방출되는 자연광 스펙트럼에 더 가까운 빛을 내기 때문이다. 이는 자연광이 인체와 더욱 잘 호환된다는 것을 의미한다. 하지만 그 점에 관해 여기서는 더 이상 언급할 것은 아니고 아마 다음에 책을 내면 다룰 것이다.

사용하지 않을 때는 충전기의 플러그를 뽑아라

나는 랩톱 충전기는 자기장과 전기장의 매우 높은 발생원이므로 일하는 곳으로부터 멀리 두라고 이미 얘기했다. 그런데 공인 EMF 전문가 에릭 윈하임(Eric Windheim)[450]에 따르면 이러한 충전기는 벽에 있는 콘센트와 연결되는 순간, 곧 바로 유해전기를 발생시킨다고 한다.

그러므로 충전기를 사용하지 않을 때는 벽에 있는 콘센트에서 플러그를 뽑도록 한다. 플러그를 간단히 뽑는 것만으로 한번에 3가지 EMF(자기장, 전기장, 유해전기) 발생원을 없애는 일석삼조를 얻게 되는 것이다.

유해전기 – 2단계
중간 수준

만약 집에서 유해전기를 줄이기 위해 좀 더 투자할 수 있다면, 스스로 할 수 있는 몇 가지 방법이 있다.

집에 있는 전원 차단기에 유해전기 필터를 설치하라

중요한 것은 집 전체에 흐르는 전기가 유해하게 되는 두 가지 원인을 이해하는 것이다.

---

450 Not Just Paleo (https://www.evanbrand.com/)의 Evan Brand와 인터뷰한 내용

- 집 내부에서 유해전기가 발생하는 경우 – 원인을 직접 제거하면 된다.
- 집 외부에서 유해전기가 발생하는 경우

지난 수십 년 동안, 전기회사들은 남는 전류를 발전소로 되돌려 보내는 대신 땅속으로 폐기해왔다. 이러한 방식은 전기회사의 비용을 크게 줄였지만, 땅을 아주 성공적으로 전기화시켜 집의 전기 시스템을 유해하게 만드는 표류전압(Stray Voltage)을 발생시켰다.

이웃집에서 발생한 유해전기 또한 집 안으로 들어올 수 있다. 빌딩생물학 전문가 살 라두카(Sal LaDuca)는 같은 변압기를 사용하는 주택들은 서로에게 유해전기를 보낼 수 있다고 설명한다.[451] 다행히도 비교적 쉽고 저렴하게 이 문제를 예방할 수 있는 방법이 있다.

마이클 슈와베(Michael Schwaebe)는 보통 집 내부 배선에 100% 오류가 없음을 확인하지 않는 한 절대로 유해전기 필터를 설치하지 말라고 권고한다.[452] 하지만 한 가지 예외가 있다. 전기기술자를 고용하여 전원 차단기 바로 옆 콘센트에 유해전기 필터를 안전하게 설치하여, 집 안으로 유입되는 전기를 최대한 깨끗하게 하는 것이다.[453]

---

451 ElectricSense.com's EMF Experts Solutions Club에서 Lloyd Burrell과 Sal LaDuca의 토론 내용. 보다 자세한 내용은 다음 사이트 참고: electricsense. com

452 EMF 미터가 있다면 집의 배선 오류는 방 전체에서 비정상적으로 높은 자기장 (> 2mG)으로 나타남.

453 다음 Michael Schwaebe의 발표에 더 많은 정보가 있음. youtube.com/ watch?v=ErBISqF6Afs

전원 차단기 근처에 유해전기 필터를 설치할 경우 빌딩생물학 전문가와 최소한 전화 상담이라도 받아보는 것을 적극 권장한다. 대부분은 1~3개 정도의 필터(제품명은 아래에 첨부함)를 차단기 바로 옆 콘센트(벽 소켓이라 부르기도 함)에 설치하는 것이다. 이 작업은 전기기사가 있어야 한다.

집의 유해전기 측정

유해전기 측정기를 직접 소유하는 것은 조명을 바꿔야할 필요가 있는지, 그리고 유해전기를 줄이기 위해 시도한 작업들이 효과가 있는지를 평가하기에 아주 좋은 방법이 될 수 있다.

하지만 현재로는 무엇이 정확하게 유해전기에 해당하는 것인지에 관해 정해진 기준은 없다. 또한 각기 다른 유해전기 측정기는 보통 유해전기의 전기장만을 측정하고 전류의 주파수(자기장)에 관한 정보는 주지 않는다. 쉽게 말하면 아주 복잡하다.

그래도 이러한 것들을 고려하면, Graham-Stetzer Microsurge Meter와 같은 것을 하나쯤 소유하고 있는 것도 나쁘지 않다. 콘센트에 측정기를 꼽기만 해도 전기의 유해 정도를 즉시 알게 될 것이다.

이 측정기는 Graham-Stetzer(GS) 단위로 나타낸다. 이상적으로는 50GS 단위 이하가 인체에 적합하고 전자파 과민증이 있는 경우는 아마 25GS 단위 이하로 유지하는 것이 좋을 것이다.[454] 빌딩생물학 전문가들은 가정이나 상업용 건물에서 수백에서 수천에 이르는 측정치를 종종 보기도 한다.

유해전기 - 3단계
EMF 전문가

결국 유해전기는 전문가 도움 없이 고치기는 쉽지 않은 문제다. 그래서 빌딩생물학 공인기사에게 도움을 청하는 것이 좋다. 만약 아래와 같은 상황이라면 전문가의 도움을 받는 것이 좋다.

- 집에서 태양광이나 풍력에너지를 사용하는 경우 - 태양광이나 풍력에너지는 거주자들을 병들게 할 수 있을 만큼에 해당하는 엄청난 양의 유해전기 발생원이다.[455]
- 전자파 과민증으로 고생하고 있는 경우 - 필터를 설치하면 문제를 더욱 악화시킬 수 있다.
- EMF 측정기가 없고 전기 배선에 문제가 없다는 확신을 할 수 없는 경우 - 유해전기 필터를 설치하는 것이 오히려 문제를 악화시킬 수 있다.

---

454 전자파 과민증을 경험한 EMF 활동가 Lloyd Burrell의 조언.
455 hbelc.org

- 집에 스마트미터가 설치되어 있는 경우 – 유해전기 발생원이 밝혀진 것이나 다름없다(이에 관련해서는 별도의 섹션에서 설명하도록 하겠다).
- 중계기 안테나 바로 옆에 거주하는 경우 – 집 주변을 다량의 유해전기로 오염시킬 수 있다.
- 집에 수영장이나 우물 펌프가 있거나, 에너지 절약형 냉난방 공조 시스템(HVAC: Heating, Ventilation, Air-Conditioning)이 있어서 속도가 다양한 모터가 있는 경우, 또는 전기차 배터리 충전기가 있는 경우.

집에 혹시 이러한 것들이 있는지 조사해 보는 것이 좋다. 하지만 대부분의 유해전기와 관련한 문제들은 하나로 모든 것을 해결할 수 있는 방법은 없다. 전문가인 마이클 슈와베도 나에게 이점을 분명히 말한 적이 있다.

추천 제품[456]

제품명	가격대
Incandescent Light Bulbs	개당 $1-5
GE Energy Saving Halogen Light Bulbs	개당 $5-10
EcoSmart LEDs	개당 $2-4
GE EnergySmart LEDs	개당 $3-11
Stetzerizer DE Filters	개당 $35
Graham-Stetzer Microsurge Meter	개당 $100

456 이러한 저 유해전기 조명 방법은 빌딩생물학 전문가 Oram Miller가 제안한 것음. 다음 자료 참고. createhealthyhomes.com/lighting.php

배선 오류

빌딩생물학 전문가마다 추정치는 각각 다르겠지만, 마이클 슈와베는 그가 EMF를 측정한 주택의 약 25%가량은 살아가는데 우려할 정도에 해당하는 자기장을 발생시키는 배선 오류가 있었다고 말했다.

유감스럽게도 측정기가 있어서 거주 공간에서 EMF 수치를 직접 측정하지 않는 한 자신들의 집이 이 경우에 해당하는 것인지 확인할 수 있는 다른 뾰족한 방법이 없다.

대부분의 가정들이 약 1-2mG의 자기장 수치를 나타낸다. 하지만 배선에 오류가 있을 경우 이 수치는 12mG[457]까지 빠르게 상승한다. 이 정도는 어린이 백혈병 발생 위험을 크게 증가시킬 수 있다. 우리 자신들에게 어떤 영향을 줄지 아무도 모른다.

배선 오류는 어떻게 생길 수 있는지 간단하게 이해하는 방법이 있다.[458] 예를 들어 거실을 둘러싸고 있는 벽을 통과하는 전기회로가 있다고 상상해 보자. 배선오류가 있게 되면 앞에 있는 벽의 전기가 반대편 벽의 전기를 소멸시키려고 하는 현상이 발생할 수 있다. 이 경우 거실 안에 거대한 자기장이 만들어진다.

좋은 소식은 일단 이러한 문제는 확인만 되면 배선 오류는 전기기술자가 보통 비교적 낮은 비용으로 신속하게 해결할 수 있다는 것이다.

---

457 Healthy Building Science의 빌딩생물학 전문가 Alex Stadner에 따르면. 그의 웹사이트: healthybuildingscience.com/

458 EMF 컬설턴트 Michael Neuert가 영감을 주었음. 다음 그의 발표 참고: youtube.com/watch?v=-M4j-YdyrVo

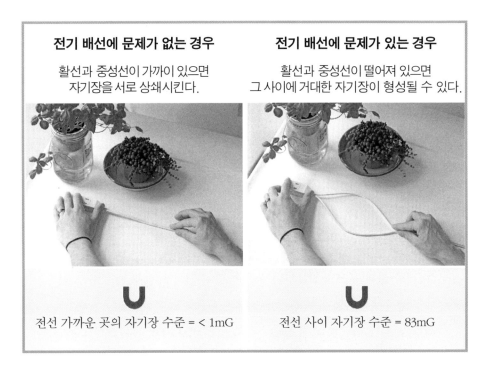

전기 배선에 문제가 없는 경우

활선과 중성선이 가까이 있으면
자기장을 서로 상쇄시킨다.

전선 가까운 곳의 자기장 수준 = < 1mG

전기 배선에 문제가 있는 경우

활선과 중성선이 떨어져 있으면
그 사이에 거대한 자기장이 형성될 수 있다.

전선 사이 자기장 수준 = 83mG

명심할 것은 일반 주택에 낮은 수준의 EMF가 만들어져야 한다는 것
은 대부분의 전기기사 또는 심지어 전기공학자들에게도 법적으로
요구되지 않다는 사실이다. 빌딩생물학 전문가 로이드 모간(Lloyd
Morgan)이 지적하는 것처럼 이들 대부분은 EMF에 관한 문제조차도
심지어 모른다는 사실을 우리는 알아야 한다.[459]

---

459 ElectricSense.com's EMF Experts Solutions Club에서 Lloyd Burrell과 Lloyd
     Morgan의 토론 내용. 자세한 내용은 다음 사이트 참고: electricsense.com

수도관이나 가스관에 흐르는 전류

수도관이나 가스관에 원치 않는 전류가 흐르는 것은 전문가를 고용하지 않는 한 탐지하기 어려운 또 다른 EMF 문제다. 빌딩생물학 전문가 프랭크 디크리스티나(Frank DiCristina)에 따르면, 이 문제는 그가 EMF 총괄 점검을 위해 방문한 주택에서 무려 90% 이상에서 나타났다고 한다.[460]

이러한 전류는 주택의 전기시스템 오류에서 나타날 수도 있고, 이웃집 수도관과 가스관의 전기가 들어와서 발생할 수도 있다.

이러한 문제는 EMF 전문가의 도움을 받지 않고도 쉽게 방지할 수 있다. 배관공으로 하여금 수도관과 가스관 본체에 플라스틱 조각을 간단하게 설치하도록 하면 된다.[461] 이렇게 하면 이웃집이나 지면에서 발생한 표류전류가 자신의 집으로 들어올 가능성은 없어진다.

지인성 질병 유발 스트레스

나는 여기서 지인성 질병 유발 스트레스에 관한 내용을 포함하기에 무척 망설여진다. 왜냐하면 이와 관련된 EMF 이슈는 지금까지 미국과 캐나다에서는 불식 또는 무시되어 왔을 뿐만 아니라 이를 측정하는 전통적인 방법(다우징: 구리나 플라스틱, 나무 막대기 등 사용)이 일부

---

460 ElectricSense.com's EMF Experts Solutions Club에서 Lloyd Burrell과 Frank DiCristina의 토론 내용. 자세한 내용은 다음 사이트 참고: electricsense.com
461 거주지에서 이것을 허용되는지 알려면 그곳 배관공에서 알아보면 됨.

과학자들에게는 완전 사이비 과학(Pseudoscience)으로 낙인찍혀 왔기 때문이다.[462]

지인성 질병 스트레스와 다우징을 사이비 과학이라고 하는 사람들이 바로 EMF는 절대 안전하다고 생각하는 자들이다. 이처럼 스스로 영리하고 인텔리전트하다고 하는 사람들이 수백만에 이르는데 내가 여기에 더 이상 어떻게 반론을 제기하겠나?

결국 무엇이 지인성 질병 유발 스트레스이고, 무엇이 아닌지, 그리고 이 분야 전문가(geomancers, 풍수지리학자)들이 권장하는 지인성 스트레스 제거법을 독자들에게 알리려고(처음에는 망설였지만)쓰기로 했다.

나는 연구 진행 도중에 지인성 질병 유발 스트레스를 제대로 이해하고 있는 EMF 전문가 브라이언 호이어(Brian Hoyer)에게 연락했다. 북미 지역에서는 지인성 EMF를 연구하는 사람은 거의 없기 때문에 그와 같은 사람은 찾기가 매우 어렵다.

그는 오스트리아에 있는 자연치유 및 환경의학 클리닉(Naturopathic and Environmental Medicine Clinic) 지력활성 아카데미(Geovital Academy)[463]에서 공부했다. 오스트리아는 전 세계에서 EMF 안전기준치가 가장 낮은 국가 중 하나다. 그리고 그 낮은 안전기준치는 지금까

---

462 livescience.com
463 EMF을 줄이기 위한 지력활성(Geovital) 접근법을 다음 사이트에서 보다 많이 알아볼 수 있음. en.geovital.com/

지 35년 넘게 유지되고 있다. 지력활성(Geovital)을 통한 EMF 완화 방법은 빌딩생물학 전문가들이 하는 것과 비슷하지만, 지인성 스트레스에 관한 깊은 이해를 필요로 한다.

그는 나에게 지인성 질병 유발 스트레스는 지구의 자연스러운 자기장에서 일어나는 혼란 현상 때문에 발생한다고 말했다. 나는 이 말에 동의한다. 자연에서 방출되는 모든 EMF 조차도 과도하게 노출되면 인체에 해로울 수 있다는 사실을 보여주는 것이다.

그는 보통 때는 인체에 유익했던 지구 자기장(슈만 공명)이 여러 가지 요인으로 증폭되거나 혼란을 일으키게 되면 건강에 심각한 해를 가할 수 있다는 사실을 설명했다. 이러한 현상이 침실 바로 아래 깊은 땅속에서 일어날 경우 특히 피해가 크다고 말했다. 다음과 같은 요인들이 주거 환경의 지인성 질병 유발 스트레스를 일으킬 수 있다.

- 지하 수맥
- 지구 자기층의 붕괴
- 지구 전체에 걸쳐 망을 형성하고 있는 자연 에너지 라인(뒷장 그림 참고)[464]

지인성 질병 유발 스트레스는 보통 유럽에서 더 많이 인정되고 있다. 특히 러시아, 독일, 오스트리아 등에서는 수십 년간 이에 관한 중대한

---

464 지금까지 제안된 수많은 지인성 그리드 시스템 형태가 있음. - Hartmann 그리드와 같은.

과학적 연구가 계속되어오고 있다.[465] 이는 많은 사람들에게 좀 미신처럼 생각될 수 있는 부분이다.

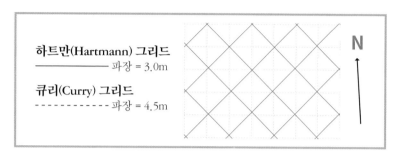

다우징 ― 숨겨진 것을 찾는 기술, 아니면 어리석은 미신?

지인성 스트레스 지역을 찾는 가장 일반적인 방법은 "다우징"이라 불리는 것이다. 이것은 여전히 논란이 되고 있는 괴상한 메커니즘으로 이루어지는 아주 오래된 방법이다.

불가사의한 것들에 관한 연구를 하는 스테판 바그너(Stephen Wagner)는 "다우징은 숨겨진 것을 찾아내는 예술이다"라고 말한다.[466] 보통 다우징은 탐지봉, 막대기, 또는 추를 이용한다.

다우징을 하는 사람은 보이지 않는 대상에 집중함으로써 그것의 에너지나 진동에 어느 정도 일치하도록 조율을 할 수 있게 된다. 그리고 그 일치는 다시 탐지봉이나 막대기를 움직이도록 하는 것이다. 다우징 도구는 아마 대상 에너지와 일치하도록 조율하는 일종의 증폭기나

465 royriggs.uk
466 thoughtco.com

안테나 같은 역할을 하는 것으로 추측된다.

에너지 조율에 근거하며 약간 주술적인 것처럼 느껴지는 다우징은 보통 "근육 테스팅"으로 더 널리 알려진 응용운동역학(Applied Kinesiology)과 유사하다.

믿기 어렵겠지만 알버트 아인슈타인도 다우징을 하는 사람이었다. 아인슈타인은 1946년 동료와 대화하면서[467] "다우징 봉은 지금 우리가 모르는 특정 요소들에 대해 인간의 신경이 반응하는 것을 보여주는 간단한 도구"라고 생각한다고 말했다.

구리 막대기의 전도성을 이용하면 보다 과학적으로 지인성 스트레스를 찾을 수 있다. 브라이언 호이어는 이것이 어떻게 작용하는지 다음과 같이 설명한다.

> "아래로부터 올라오는 에너지는 인체의 미네랄에 영향을 주고, 에너지가 서로 끌어당기거나 밀어내게 되면 구리 막대는 교차하게 된다. 이러한 현상은 사람이 땅속에 액체가 계속 흐르고 있는 지점을 걷게 되는 경우에만 나타날 수 있다. 이는 콘센트에 꽂힌 익스텐션 코드에서도 쉽게 관찰될 수 있다. 구리 막대를 들고 익스텐션 코드 위를 걸으면 그곳에서 나오는 에너지는 막대를 교차하게 하거나 서로 벌어지게 한다."

---

467 alberteinstein.info

논란이 될 수 있겠지만, 호프만 라 로슈(Hoffman-La Roche, 세계적으로 유명한 대 제약회사 중 하나)와 같은 기업들도 지하 수맥이나 유전을 찾기 위해 다우져들에게 어마어마한 돈을 지불한다.[468]

호프만 라 로슈의 다우져 피터 트레드웰(Peter Treadwell) 박사는 " 로슈는 그러한 방법들이 과학적으로 설명이 가능하든 아니든 상관없이 수익성 있는 방법을 사용한다."고 설명한다.

지인성 스트레스에 노출되고 있는지 어떻게 알 수 있을까?

만약 밤에 불면증이나 불안 초조로 고통을 받고 있다면, 지인성 스트레스가 문제의 원인이 될 수도 있으니 아래 내용을 참고하라.

- 수면 부족과 관련되는 일반적인 EMF 방해 요인을 제거하기 위해 이 안내서가 제시하는 기본적인 권장 사항(침실에 있는 모든 무선기기들을 제거하고, 차단기 스위치를 내리는 등)을 준수하도록 한다.

- EMF의 영향을 전혀 받지 않는 상태에서도 수면을 취할 수 없다면 다음 단계는 다른 방에서 수면을 취하거나 아니면 침대를 몇 발자국만이라도 이동한 후 느낌이 어떤지 알아보는 것이다. 지인성 스트레스 지역은 매우 국소적이기(하트만 그리드는 2.4~3.6m 폭) 때문에 몇 발자국만 이동한다고 하더라도 위험지역으로부터 벗어날 수 있을 것이다.

---

468 canadiandowsers.org

- 만약 이것이 쉽지 않으면 다음 단계는 지인성 스트레스에 관한 지식이 있는 EMF 컨설턴트를 고용하여 주변 환경에서 문제가 되는 곳을 찾고 피해를 줄이는데 도움을 받는 것이다.

지력활성(Geovital) 컨설턴트들이 대부분의 고객들에게 적용하는 해결책은 침대에 특수 차폐 매트를 사용하는 것이다. 차폐 매트는 지인성 스트레스는 굴절시켜 방향을 바꾸게 하지만 인체에 유익한 슈만 공명의 고조파는 그대로 통과시킨다. 물론 적합한 차폐 강도가 주어졌는지 확인하는 철저한 점검이 요구된다.

나는 개인적으로 문제가 있다면 거주지 부근 컨설턴트[469]를 찾아 볼 것을 강력하게 추천한다. 또한 나의 연구에 매우 성심성의껏 도움을 준 브라이언 호이어(Brian Hoyer)도 웹사이트(http://www.primalhealingrhythms.com/)를 통해 연락할 수 있다.

브라이언은 빌딩생물학 전문가들이 하는 것과 유사하게 주택의 EMF를 점검하지만, 그는 지인성 스트레스 문제도 추가로 돌본다. 브라이언은 보통 미주대륙 태평양 연안에 있는 여러 가정들을 방문하며 다니지만 아마 수요가 충분히 많다면 다른 곳으로도 갈 수 있을 것이다.

주택 내 각 방의 EMF
고장 난 레코드처럼 같은 말을 계속 반복하지 않기 위해 지금까지 설명한 개인용 EMF 방출기기를 충분히 이해하고 가정에서 여섯 가지

---

469 en.geovital.com

가장 우려되는 EMF 발생원을 다루는 방법을 모두 알고 있는 것으로 여기고 다음 진도를 나가겠다. 지금부터 EMF가 낮은 주택의 각 방으로 가보자.

침실 - 1단계
쉽고 저렴한 방법

침실은 EMF를 바로 잡아야 하는 가장 중요한 생활공간이다. 이유는 아주 명백하다. 몸을 치유하고 휴식을 취하며 에너지 재충전이 필요할 때 가는 곳이기 때문이다.

하지만 대부분의 사람들에게 그 반대 현상이 일어나고 있다. 미국 성인 4명당 1명 이상이 만성 수면 장애를 겪고 있다.[470] EMF가 이 모든 불면증의 원인이라고는 할 수 없지만 일부를 차지하는 것은 분명하다.

밤에는 차단기를 내린다

이 방법은 돈이 단 한 푼도 들지 않고 매일 밤 5초만 소모하면 된다. 단지 차단기 스위치만 내렸을 뿐인데도 대부분의 사람들이 훨씬 더 잘 잔다고 한다.

이유는 벽에 있는 모든 표준 120/240V 전선은 1.8~2.5미터 폭의 전기

---

470 ncbi.nlm.nih.gov

장을 방출하기 때문이다. 방출된 전기장은 깊은 "REM"수면을 방해하고 인체의 멜라토닌 수치를 감소시키며, 일부 민감한 사람들에게는 심각한 불면증을 초래할 수도 있다.

모든 기기들을 치운다

스마트폰을 알람시계로 사용하는 경우 비행모드로 설정하도록 한다. 아침에 깨자마자 되돌릴 수 있으니 걱정할 것 없다. 와이파이와 블루투스 기능도 꺼놓도록 한다. 아니면 밤새 EMF를 방출할 것이다.

만약 응급전화를 받을 수 있길 원한다면 유선전화를 이용한다. 유선전화가 안 된다면 차선책은 밤에는 가능하면 신체와 멀리 스마트폰을 두도록 한다. 다른 방에 스마트폰을 두는 것이 이상적이다.

모든 전자기기의 코드를 뽑는다

야간에 차단기를 끌 수 없다면, 램프 스위치를 끄는 대신 반드시 코드를 빼야 한다. 램프나 기타 전자제품들은 전기 소켓에 꽂혀있으면 스위치가 꺼져 있더라도 전기장을 방출한다는 사실을 잊어서는 안 된다.

전기장 문제는 전자기기가 접지되지 않았을 때 더욱 악화된다. 대부분의 램프들이 접지 안 된 경우에 해당한다.

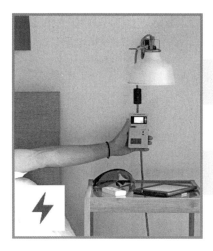

나의 야간 조명 기구
벽 소켓과 연결되어 있지만 스위치는 꺼짐

램프에서 30cm
떨어진 곳의 전기장 수치 89V/m

나의 야간 조명 기구
벽 소켓과 연결되어 있지 않음

램프에서 30cm
떨어진 곳의 전기장 수치 < 20V/m

사전예방적 전기장 안전기준
< 1.5V/m(야간)

배터리로 작동하는 알람시계는 마음껏 사용하되 전자시계는 역병처럼 멀리하도록 한다. 전자시계는 높은 수준의 전기장과 자기장(마틴 블랭크에 따르면 약 30cm 거리에서 30mG나 방출한다)[471] 발생원이다.

침실 - 2단계
중간 수준

침대를 교체하라
다음 매트리스를 교체할 때는 금속이 전혀 없는 것을 선택한다. 지금쯤이면 그 이유가 분명해졌을 것이다.

---

471 Martin Blank, PhD., Overpowered: The Dangers of Electromagnetic Radiation (EMF) and What You Can Do about It.

수면 컨설턴트이자 사미나(Samina) 매트리스 발명가인 클라우스 퍼머(Claus Pummer)는 금속 자재가 들어간 매트리스에서 수면을 취하는 사람들은 최대 5,000mV의 전기장이 몸으로 흐를 수 있다고 한다(신체 전압 측정법). 빌딩생물학 전문가들은 최적의 수면을 위해서는 야간에는 10mV이하로 유지할 것을 권장하고 있다. 비교해 보기 바란다.

말이 나온 김에 한 가지 더 추가하자면, 만약 야간에 침실 차단기를 꺼서 자동적으로 비교적 낮은 전기장 환경이 만들어졌다면, 금속성 침대가 굳이 얼마나 큰 문제가 될 수 있을지 나는 아직 확실하지 않다.

이러한 기기들은 사용하기 전에 EMF를 측정한다

침실에는 진짜 EMF 위험 요소가 될 수 있는 몇몇 기기들이 있다. 이 기기들은 내가 사용하는 EMF 미터(Cornet ED88T)로 측정해서 100% 안전하다고 할 수 없는 한 사용을 권하고 싶지 않다.

이러한 기기들은

- 지속성 기도 양압기(CPAP: Continuous Positive Airway Pressure, 코골이와 수면무호흡증 치료를 위해 잠잘 때 사용하는 의료기기) — 침대와 너무 가까이 있을 때 사람들을 아프게 만든다는 보고가 있다.
- 전기 담요 – 매우 높은 자기장 발생원, 유산 및 어린이 백혈병과 관련이 있다.[472]

---

472 Daniel and Ryan DeBaun in Radiation Nation에 나오는 내용. 다음 자료 참

- 전기 침대 — 전기 침대 또한 매우 높은 수준의 자기장과 전기장에 관련된 보고가 있다.

침실 - 3단계
EMF 전문가 수준

만약 EMF 전문가나 공인 빌딩생물학 기사의 도움을 받는 경우, 내가 조사한 바로는 현재 낮은 수준의 EMF 침실을 한 단계 더 올릴 수 있는 3가지 특별한 방법이 있다.

접지/어싱
이 주제는 매우 논란이 많다.

한쪽에서는 접지매트에서 수면을 취하는 것은 거의 모든 사람들에게 유익하다고 주장하는 사람들이 있다. 다른 한쪽에서는 접지매트에서 수면을 취하는 것은 놀랄 만한 정도로 높은 신체 전압 수치로 이어질 수 있으며, 접지매트가 EMF 노출에 어떠한 영향을 주고 있는지 철저하게 점검하지 않으면 좋은 점보다 오히려 더 해를 끼칠 수 있다는 것을 보여주는 전문가들도 있다.

고. https://microwavenews.com/news-center/nancy-wertheimer-who-linked-magnetic-fields-childhood-leukemia-dies

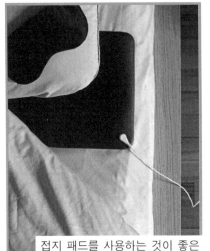

접지 패드를 사용하는 것이 좋은 아이디어인지 아니면 잠재적 EMF 재난인지? 말하기 어렵다.

접지와 관련한 아이디어는 매우 공감할 만하다. 역사를 통하여, 인류는 언제나 지구 위를 맨발로(또는 가죽과 같은 자연적 전도체 위를) 걸어 왔으며, 이는 "슈만 공명"이라고 일컫는 자연적인 지구의 자기장과 연결시켜 주었다.

투르 드 프랑스(Tour de France) 참여자들에 대한 연구는 "접지된" 수면은 회복 시간을 빠르게 한다.[473] 게탄 체발리에(Gaetan Chevalier) 박사와 같은 연구자들은 수년 동안 접지의 효과를 연구해 왔다. 그 결과 접지는 "수면을 향상시키고, 낮과 밤의 코티솔(Cortisol) 리듬을 정상화시키며, 통증 감소, 스트레스 감소, 자율 신경계를 교감 신경에서 부교감 신경으로 전환시키고, 심장 박동 변동성을 높이고, 상처 치유 속도를 향상시키며, 혈액 점도를 낮춘다"는 결론을 내리고 있다.[474]

이러한 발견들이 빛을 볼수록 더욱 많은 제조업자들은 모든 종류의 접지 시트, 패드, 베개 및 모든 품목들이 밤에 "접지"되어 수면을 취할 수 있도록 디자인 된 다양한 도구들을 제작한다. 접지된 어떤 전기

473 youtube.com
474 ncbi.nlm.nih.gov

콘센트든 패드를 간단히 연결시키고 사용하면 되는 것이다.

전부 좋아 보인다... 하지만 이러한 제품들을 EMF가 높은 환경에서 사용하게 되면 어떤 일이 일어날까?

빌딩생물학 전문가 에릭 윈드하임(Eric Windheim)과 다른 수십 명의 EMF 전문가들에 따르면, 접지 제품들을 높은 자기장, 높은 유해전기, 와이파이 환경에서 전기 콘센트와 연결시켜 사용하게 되는 경우, 사용 중인 매트가 거대한 안테나와 같은 작용을 하게 되어 실제로 야간에 EMF 노출을 증가시킬 수 있기 때문에 오히려 화를 불러일으키는 격이 되는 것이다.

일례로, 윈드하임은 고객이 접지 패드 위에 누워 있을 때 신체 전압이 20,000mV까지 상승하는 것을 목격했다. 이는 심야 적정 수준의 2,000배에 해당하는 노출이다.

지금으로서는 EMF 전문가의 관리 없이 어떤 접지 제품도 사용하는 것을 권장하지 않는다. 몸을 접지시키려면 가장 쉽고, 저렴하고, 가장 원시적 생활 방법을 고수하여 – 지면이나 잔디 또는 해변을 맨발로 걷도록 한다.

전자파가 많은 환경에서 인체를 접지하는 것은 유익한 면보다 오히려 잠재적으로 해를 끼칠 수 있다고 한다. 여러 가지 방법에 대한 보다 자세한 설명이 필요하면 빌딩생물학 전문가 제로미 존슨(Jeromy

Johnson)의 논문[475]을 참고하라.

접지 매트 문제 95% 해결 방법

여러분이 DIY(Do It Yourself, 내가 직접 하기) 솔루션에 관심이 있고 나처럼 정말 EMF 마니아라면 계속 읽기 바란다.

전기로 가득한 도시 환경에서 어떻게 하면 유해하지 않고 안전하게 접지 매트를 사용할 수 있는지 알기 위해 앤토니 벡(Anthony G. Beck) 박사에게 알아보았다. 그는 기능의학 진료의사(Functional Medicine Practitioner)로서 환자의 환경변화가 어떻게 회복에 도움을 주는지를 연구하는 이 분야 진짜 전문가다.[476]

접지 매트 위에서 수면을 취할 경우 잠재적으로 많은 문제점을 내포하고 있다는 것을 알고 있어야 한다.

- 접지 매트는 벽에 있는 전기선에서 발생하는 전기장을 끌어들여 전기장으로 인한 문제를 더욱 악화시킨다.
- 접지 매트는 와이파이로부터 무선주파수 신호를 끌어들일 수 있다.
- 접지 매트를 전기 소켓에 연결하는 가느다란 선 또한 안테나와 같은 작용을 할 수 있다.
- 집에 유해전기가 흐른다면 그 전류가 전기 소켓까지 전선을 타고

---

475 emfanalysis.com

476 Check out his incredible Balance Protocol Enviro which goes way more in-depth on how to heal by changing your environment at dranthonygbeck.com

흐른 다음 인체로 흘러갈 수 있다.

- 접지 매트를 콘센트에 꽂는(권장 사항으로 되어 있는) 대신 실외 접지 봉과 연결시킨다면, 지면에 있는 표류전류가 봉을 따라, 전선으로 그리고 인체로 흐를 수 있다.

이러한 문제점들을 해결하기 위해 안토니 박사는 접지 매트, 접지 시트 또는 그 외의 실내 접지 제품들 위에서 수면을 취하기 전에 다음과 같은 사항들을 따를 것을 권장한다.

1. 침실의 회로 차단기를 끈다. 대부분의 전기장 문제를 제거한다.
2. 가능하면 전기 소켓 대신 접지봉을 사용한다. 신체 전압 측정기를 이용하여 접지로 인해 표류전류가 신체로 흐르지 않는 것을 확인한다.
3. 콘센트와 연결해야 하는 경우, 매트를 Stetzer 유해전기 필터와 연결한다. 콘센트 접지가 제대로 되었는지 테스터를 이용하여 확인한다.
4. 유해전기가 몸 안으로 들어가지 않도록 매트와 콘센트 사이를 잇는 전선에 100K Ohm 저항기를 설치한다.
5. 번개가 칠 때는 절대로 매트를 사용하지 않는다. 이는 천둥 번개 치는 날 골프 코스에서 클럽헤드가 하늘을 향하게 하고 서 있는 것과 같은 것이다.

이것을 무시하고 접지 매트 사용 대신에 맨발로 잔디나 해변을 걸을 수도 있다. 그쪽이 훨씬 더 간단한 방법이 될 수 있다.

패러데이 케이지 또는 베드 캐노피 사용

전자파 과민증으로 고통 받는 사람들은 EMF 차단 베드 캐노피(Bed Canopy: 침대 위 지붕 같은 덮개) 아래에서 잠을 자는 것은 생명 구조법이 될 수 있다.

당연히, 침실 내부의 모든 일반적인 EMF 발생원과 외부 EMF 유입원(중계기 안테나, 스마트미터, 고압선 등)을 완전히 제거한 후에만 사용할 것을 권한다.

이러한 캐노피들은 구입하려면 수백 달러에서 수천 달러까지 비용이 들 수 있으며, 100% 효과를 거두기 위해서는 제대로 접지되어야 한다. 또한 캐노피 설치 후 전문가를 통해 제대로 되었는지 점검할 필요가 있다. 또한 바닥을 통해 방출되는 EMF를 차단해야 한다. 그렇지 않으면 아주 심각한 EMF 환경을 조성하는 꼴이 될 수도 있다.

달리 말하면, 모든 방법들을 강구하고 그러한 최고급 EMF 경감 기술력을 이용하고자 한다면, 이러한 장치들을 어떻게 제대로 설치하는지 조언 받을 수 있도록 빌딩생물학 전문가와 최소한 전화 상담이라도 할 것을 권장한다. 충분히 그렇게 할 가치가 있을 것이다.

차폐, 더욱 많은 차단기 끄기, 그리고 그 외 방법들

불행한 사실은 야간에 침실의 차단기를 내린다고 해도 침실에서 발생하는 전기장을 완전히 제거했다는 의미는 아니라는 것이다. 결국은 다음과 같은 곳에서 발생하는 높은 수준의 EMF가 있을 수 있다.

- 이웃하는 주택, 아파트, 콘도와 공유하고 있는 침실의 벽
- 여러 층으로 된 건물에 거주하는 경우 바닥이나 천정
- 침대 베개 바로 뒷벽에 있는 전기 시스템의 또 다른 전선

정말로 낮은 수준의 EMF가 나타나고 있는지 확인하는 가장 좋은 방법은 전문가를 고용하는 것이다. 예를 들어, 전문가들은 야간에 정확하게 어떤 전선을 차단시켜야 하는지 알아내기 위해, 또는 수면을 방해하거나 아프게 하는 외부 발생 EMF가 있는지 확인하기 위해 거주자가 침대에 누워있을 때 신체 전압을 측정할 것이다.

부엌

높은 전력 사용 주방용품

강력한 전기 모터는 대부분 거대한 자기장을 발생시킨다. 이는 곧 다음 페이지에 나오는 주방용품을 사용하는 동안에는 그 앞에 서 있어서는 안 된다는 것을 의미한다.[477]

---

477 ehs.ucsd.edu

- Vitamix 또는 다른 블랜더
- 믹서
- 식기 세척기
- 토스터(토스터기 사용 중에는 150mG 이상의 자기장이 발생한다는 보고가 있다.)
- 전기 캔 오프너

전자레인지

전자레인지 사용을 피해야 하는 많은 이유가 있다. 전자레인지를 이용하는 음식의 대부분은 기본적으로 짜고 MSG가 첨가되었으며, 가공 과정이 지저분하고 영양소도 결핍되어 있다는 것이다. 하지만 EMF 관점에서 문제는 모든 전자레인지들이 상당한 양의 무선주파수와 자기장을 방출하는 것으로 알려져 있다는 사실이다.

자기장 수준 — Vitamix로부터
30cm: 297mG

사전예방적 자기장 안전기준:
< 1mG (day)

확실히 하자면 전자레인지는 기계적 결함으로 EMF를 방출하지 않는다. 이러한 기기들은 기본적으로 EMF를 외부로 누출하게 되어있다.

미국에서는 식품의약품안전청(FDA)이 전자레인지로부터 누출되는 무선주파수 방사선 허용치를 $1mW/cm^2$로 하고 있다.[478] 이는 무려 61.4V/m에 해당하는 것으로 하루 동안 노출될 수 있는 방사선 보다 307배나 많으며, 여러 개의 4G/LTE 휴대폰에서 방출되는 양보다 훨씬 높은 수치다.

자기장 수준 — 전자레인지로부터
30cm: 41mG
사전예방적 자기장 안전기준:
< 1mG (day)

무선주파수 수준 — 전자레인지로부터
30cm: 7V/m
사전예방적 무선주파수 안전기준:
< 0.2V/m (day)

그렇다고 사용 중인 전자레인지를 도끼로 부숴버리라는 말은 아니다. 설사 그렇게 한다고 하더라도 말리지는 않겠다. 하지만 가족 누구라도 제발 전자레인지가 작동 중일 때 쳐다보고 있지 못하게 해야 한다.

---

478   Martin Blank박사가 저술한 Overpower에 나오는 내용. 다음 자료 참고 accessdata.
      fda.gov/scripts/cdrh/cfdocs/cfcfr/CFRSearch.cfm?CFRPart=1030&showFR=1

인덕션 스토브

인덕션 스토브 작동 방식은 강력한 자기장을 발생시키도록 되어있다.[479] 그러므로 EMF에 매우 민감한 사람이 노출을 최대한 줄이고자 한다면 이것을 사용하는 것은 분명 아주 잘못된 선택이다.

대부분의 인덕션 스토브는 국제비전이성방사선방지위원회(ICNIRP)에서 제정된 자기장 노출 기준을 초과한다는 사실이 2012년 스위스 연구진에 의해 밝혀졌다. 특히 어린이들은 키가 작아서 머리 높이에 직접 노출될 수 있기 때문에 연구진들은 우려하고 있다.[480]

만약 여러분이 인덕션 스토브를 사용해야 한다면, 음식을 끓이는 동안 그 앞에 서 있지 말아야 한다.

욕실

욕실에서 사용할 수 있는 대부분의 도구(헤어드라이어, 전기면도기 등)들은 엄청나게 많은 양의 자기장을 방출한다. 특히 민감한 사람들은 욕실 기기들의 사용을 줄이거나 EMF 노출을 피하기 위해 다음과 같은 내가 사용하는 방법을 시도해 보라.

---

479 finecooking.com
480 onlinelibrary.wiley.com

헤어드라이어

헤어드라이어는 매우 큰 자기장을 방출하는데, 다음 몇 가지 사항을 주목할 필요가 있다.

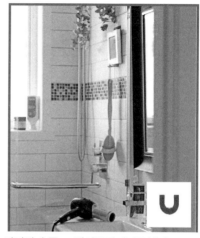

- 노출을 줄이려면, 모터 (자기장 발생원)가 머리로부터 멀리 떨어져 있는 벽걸이형을 사용한다.

- 더운 바람 대신 찬바람을 이용한다. 그림에서 볼 수 있듯이 이렇게 하면 방사선 노출이 99% 줄어든다.

자기장 수준 — 헤어드라이어로부터 15cm: 27mG (더운 바람)

자기장 수준 — 헤어드라이어로부터 15cm: 4mG (찬바람)

사전예방적 자기장 안전기준 — < 1mG (day)

- 밤에는 헤어드라이어 사용을 자제 한다. 왜냐하면 이렇게 높은 수준의 노출은 인체의 멜라토닌 생성을 감소시키기 때문이다.

- 임신한 경우라면 사용 중에는 복부로부터 멀리 두도록 한다.

전기면도기

마틴 블랭크에 따르면 전기면도기는 10cm 정도 거리에서 최대 20,000mG까지 방출할 수 있다고 한다.[481] 이는 수치상으로 아주 관대

---

481 Martin Blank 박사의 저서 Overpowered:에 나오는 내용.

한 직업 안전기준 2,000mG을 훨씬 상회한다.[482]

그냥 배터리로 작동하는 면도기를 사용하는 것이 좋다. 벽에 계속 꽂아 두는 충전식 면도기도 그리 문제가 되지 않는다.

외부 발생원

많은 사람들이 집에 스마트미터가 설치되었거나(보통 아무런 경고나 동의 없이), 공포감을 자아내는 큰 셀 타워가 동네에 세워졌다는 것을 알게 되면서 EMF가 문제가 될 수 있다는 사실에 눈뜨기 시작했다.

하지만 아이러니하게도 사람들은 이러한 외부에서 발생되는 EMF 방사선에 노출되는 것이 집에 있는 와이파이 라우터에서 나오는 것보다 대부분 낮을 뿐만 아니라 개인용 스마트폰에서 하루 24시간 일주일 내내 방출되는 방사선 양에 노출되는 것보다 훨씬 낮다는 사실을 인식하지 못한다.

다시 말하지만, 모든 외부 EMF 발생원(스마트미터, 중계기 안테나, 고압선 등)은 깨어있는 시간 내내 이런 요인들 바로 가까이에서 지내게 된다면 실제로 건강에 위험이 될 수 있다. 여기 유의해서 봐야 할 것들이 있다.

---

482 pse.com

스마트미터

나는 2년전 죠시 델 솔(Josh Del Sol)이 제작한 다큐멘터리 "Take back your power"[483]를 본 적이 있다. 이것은 예전에 사용하던 아날로그 방식의 전기와 가스 미터기들을 무선 "스마트미터"로 바꾸는 것이 왜 정말 잘못된 생각인지 설명하고 있다.

스마트미터와 관련해서 많은 이슈들이 있다. 대부분의 문제들을 비교적 간략하게 언급해야 하는 이 책에서 스마트미터 이슈를 모두 다루기는 무리다. 하지만 결국 여기서 다루는 내용이 점점 많아지고 있다는 느낌이 든다.

다음은 스마트미터의 문제점을 요약한 것이다.

스마트미터의 문제점	
사생활	스마트미터는 우리가 사용하고 있는 모든 스마트 기기들로부터 정보를 취합하여 유틸리티 회사로 전송한다. 얼마나 자주 냉장고 문을 열고 닫는지, 벽에 있는 콘센트에는 무엇이 연결되어 있는지 등. 그러면 유틸리티 회사는 우리의 정보를 제3자에게 넘기고 대신 많은 돈을 받는다.
시민의 권리	가정에 스마트미터가 설치되어 있는 경우 유틸리티 회사는 언제든지 적당한 이유로 전기 사용을 차단할 수 있다.
사이버 보안	"스마트 그리드"의 개발로 모든 가정의 전기 사용이 온라인으로 모니터링되고 있다는 것은 해킹 당할 수 있다는 것을 의미한다. 전직 CIA 국장[484]을 포함하여 나보다 훨씬 스마트한 사람들도 사이버 보안과 관련해서 이는 너무나 좋지 않은 생각이라고 주장해 왔다.

---

483   다음 웹 사이트에서 4달러에 대여할 것을 강력히 추천함: takebackyourpower.
      net/
484   youtube.com

스마트미터의 문제점	
환경	아날로그 미터들이 20년에서 30년 주기로 교체해야 하는 반면, 스마트미터는 5~7년 마다 교체해야하고[485] 그 비용은 소비자가 지불해야 한다.
전기요금	전력회사는 스마트미터를 설치하면 전기요금이 줄어들게 될 것이라고 사람들에게 말하지만,[486] 실제로 많은 사람들은 월 전기요금이 급격히 상승한 경험을 가지고 있다.[487]
화재 위험	일부 스마트미터는 실제로 화재 위험이 되고 있다. 북미에서만 수천 건에는 미치지 못하지만 최소한 수백여 건의 화재를 이미 일으킨 것으로 알려졌다.[488]
유해전기	스마트미터는 엄청난 양의 유해전기를 발생시키며,[489] 많은 사람들이 스마트미터 설치 이후 건강이 악화된 것으로 보고하고 있다.[490]
무선주파수 방사선	스마트미터는 강력한 무선주파수 신호를 하루 24시간 일주일 내내 방출한다. 이것이 여기서 언급하고자 하는 주된 이슈다.

유틸리티회사들은 침실 벽 바로 뒤, 놀이터 근처, 더군다나 부엌에도... 정말 상식 이하의 장소에 스마트미터를 설치하고 있다. 이는 전 세계적인 현상으로 놀랄 일이 아니다.

내가... 사는 집... 부엌에...

보다시피, 현재 내가 임대하고 있는 아파트에 설치되어 있는 스마트미터는 바로 그 옆에서 저녁을 준비하고 있는 나를 최고 5.24V/m에

---

485 smartgridawareness.org
486 thestar.com
487 emfsafetynetwork.org
488 emfsafetynetwork.org
489 다음 동영상에서 증거 확인 가능: youtube.com/watch?time_continue=1&v=4NTSejgsTc
490 mainecoalitiontostopsmartmeters.org

달하는 강력한 무선주파수 신호로 매 30초마다 공격하고 있다.

이것은 현대 기술의 매우 어리석은 사용이라고 할 수 있는 완벽한 예다. 제 정신이라면 모든 사람들이 그렇게 생각할 것이다. 우리가 왜 이렇게 강한 신호를 사용하려고 할까? 우리가 왜 부엌에, 침실 근처에, 아니면 아이들까지 노출시키려고 스마트미터를 설치할

무선주파수 수준 — 스마트미터로부터 30cm: 5.24V/m

사전예방적 안전기준 — < 0.2V/m (day)

까? 그리고 왜 매 30초 마다 정보를 송신하나? 하루 한 번만 하지 그렇게 자주 할 필요가 있는가? 대답할 이유가 없다. 이런 질문 모두 그냥 해보는 수사적 문장이다.

이제 해결 방법에 관해 이야기하겠다. 이러한 이슈에 관해 무엇을 할 수 있는지 보자.

1. 유틸리티회사에 스마트미터 프로그램을 중단하고, 스마트미터 대신 옛날 방식의 아날로그로 교체해 줄 것을 요청한다.

거주지에 따라서 전력회사는 매달 벌금을 부과하거나, 무료로 설치해 주거나 아니면 특정(거절할 수 있는 권리가 주어지는) 주(State)나 도시에 따라 "아니요"라고 잘라 말할 수도 있다.

2. 미터기를 계속 사용하길 원한다면, 미터기가 방출하는 EMF 양을 최대한 줄일 수 있는 방법을 모색해보자.

우선, 앞에서 언급한 권장 사항에 따라 집 안의 유해전기를 감소시킬 수 있도록 최선을 다한다. 그런 다음 차폐를 생각해 본다.

스마트미터 가드(Guard)를 설치할 수도 있다. 이는 방사선을 많이 감소시킬 수 있지만, 만약 방출되는 방사선을 100% 제거하게 되면 전력 소비량이 전송이 되지 않아 유틸리티회사에서는 스마트미터에 오류가 생겼는지 확인하기 위해 문을 노크한다는 것을 알아야 한다.

단기 해결책으로 여러분도 내가 했던 것처럼 미터기 위에 알루미늄 호일을 덮을 수 있다. 이렇게 했을 때 나의 경우 EMF 방출량을 30cm 거리에서 거의 73%(최고 1.44V/m) 정도 감소시켰다.

3. 노출된 EMF 수준을 측정하고 제대로 미터기를 차폐하도록 빌딩생물학 공인 기사 또는 EMF 전문가의 도움을 받는다.

사실, 제대로 된 EMF 측정기 없이는 항상 다음과 같은 사항들을 알 수 없다.

- 사용하고 있는 스마트미터 모델이 매 6초 단위로, 매분 단위로 혹은 하루 한 번 방출하고 있는지
- 스마트미터에서 방출되는 EMF의 양 - 어떤 모델들은 100여 개의 휴대폰보다 더 많은 무선주파수 방사선을 방출하는 것으로 확인됨.[491]
- 집에서 직접 제작한 차폐 방법이 제대로 작동하고 집 안으로 유입되는 신호들을 감소시키고 있는지
- 사용 중인 미터기가 진짜 문제인지 혹은 이웃집 미터가 더 큰 문제인지

여기서 말한 스마트미터는 전기, 가스, 수돗물, 그리고 가정에 설치된 기타 모든 디지털 미터기에 적용된다.

셀 타워

"셀 타워 수요가 증가하고 있다. 더 빠른 데이터 전송과 더 넓은 공간적 범위에 대한 지속적인 요구를 충족시켜야 한다." 이것은 우리 사용자 모두의 잘못이다. 사용자들은 통신 회사에 점점 더 많은 셀 타워를 설치해 달라고 간청하고 있다. 그리고 그 타워 안에는 안테나 수십 개씩 넣어 주길 바라고 있다.

---

491 빌딩 생물학 전문가 Oram Miller와 다수의 EMF 활동가. 다음 자료 참고
youtube.com/watch?v=a6-hcOr-sxA

문제는 이 기하급수적인 셀 타워 네트워크 증가가 기본적으로 무용지물인 안전기준을 따르고 있고 산업계는 인체 영향에 관해서 책임이 전혀 없다는 점이다. 적어도 미국에서는 1996년에 제정된 통신법(Telecom Act) 덕분에.

그 결과 여러분들과 나 같은 사람들이 1km²에 수십 개의 셀 타워가 있는 도시에 살게 되었다.

문제는 셀 타워로부터 500m나 떨어져 살아도 건강에 심각한 해를 끼칠 수 있다는 확실한 증거가 있다는 것이다.

셀 타워로 부터의 거리	나타나는 현상[492]
< 500m	암 발생 위험 증가
< 400m	수면 장애, 피로, 우울 모드, 암 발생 위험 3배 증가
< 300m	피로
< 200m	두통, 수면 장애, 불편
< 100m	과민증, 우울증, 기억 상실, 현기증, 성욕 감소

안전거리란? 내가 조사한 대부분의 전문가들은 집과 셀 타워의 거리가 최소 400m면 좋다고 생각하는 것 같다.

---

492 다음 연구에 기초함: ncbi.nlm.nih.gov/pubmed/12168254, powerwatch.org.uk/news/20050722_bamberg.asp, sciencedirect.com/science/article/pii/S0048969711005754 그리고 powerwatch.org.uk/news/20041118_naila.pdf

안심은 된다. 하지만 복잡한 도시 한가운데 있다면 우리 집 가까이 셀 타워나 안테나가 있는지 어떻게 알 수 있을까? 지금 내가 이 순간에도 마구 노출되고 있는 건 아닐까? 아직은 염려하지 않아도 된다.

셀 타워로 인한 문제들을 해결하기 위해 해야 할 것들이 있다. 아래 순서에 의해 다음과 같은 질문을 스스로 하도록 한다.

1. 집이나 아파트 창문을 통해 눈에 보이는 셀 타워가 있는가? 혹시 건물 위에 중계기 안테나가 있는가?[493]

   만약 있다면, 당신 주변 환경을 측정하도록 빌딩생물학 공인 기사에게 도움을 청하거나, 아니면 최소한 EMF 측정기(Acousticom 2 같은 것)를 임대하여 집 안으로 유입되는 방사선 양을 측정하도록 한다.

   각자 접하고 있는 안테나의 유형, 파워, 기술력 그리고 그 외의 여러 다양한 요인들에 따라 최소한 현재로서는 이 타워가 아무런 문제가 없다는 것을 발견할 수도 있을 것이다. EMF 환경이 기하급수적으로 증가하고 있으므로 측정치가 여전히 같은지 확인하기 위해 매 6개월마다 다시 점검할 것을 권장한다.

---

493 이 문제는 지금 급속도로 확산되고 있다. 지붕에 설치한 중계기 타워가 완전 무해하다고 하면서 매달 수천달러씩 받는 건물 소유주들도 계속 늘어나고 있다. electrosmogprevention.org

2. 숨겨져 있는 셀 안테나 문제를 다루고 있나? 믿기 어렵겠지만 이 페이지에 있는 사진에는 안테나들이 모두 숨겨져 있다.

그렇다, 이 때 생각나는 말이 "얼기설기"다. 셀 안테나들은 복잡하게 얽혀서 점점 더 탐지하기 어려워지고 있다. 조만간 뉴욕시만 해도 약 120,000개의 안테나가 신호등에 설치될 것이다.[494]

얼마 전만 하더라도 거주지의 모든 셀 타워를 찾을 수 있는 좋은 웹사이트(AntennaSearch.com)가 있었지만 지금은 내려진 것 같다.

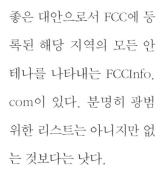

좋은 대안으로서 FCC에 등록된 해당 지역의 모든 안테나를 나타내는 FCCInfo.com이 있다. 분명히 광범위한 리스트는 아니지만 없는 것보다는 낫다.

3. 불행하게도 우리는 셀 타워 위치만 알아서는 노출 정도를 알 수 없다. 빌딩생물학 전문가 피터 시어크(Peter Sierck)는[495] 측정기를

---

494 forbes.com

495 ElectricSense.com's EMF Experts Solutions Club에서 Lloyd Burrell과 Peter Sierck의 토론 내용. 보다 자세한 내용은 다음 사이트 참고: electricsense.com

구입하거나 측정기사의 도움 없이는 근처에 있는 셀 타워로 인
해 무선주파수 방사선에 지나치게 노출되고 있는지 실제로 말할
수 없다고 설명한다.

4. 만약 셀 타워가 창문을 통해 침실로 무선주파수 방사선을 쏘고 있
다는 사실을 알게 된다고 하더라도 그것이 당장 급하게 짐을 싸서
밖으로 나와야 한다는 것을 의미하지는 않는다.

외부 유입 신호로부터 집이나 아파트를 차폐시킬 수 있는 다양한
방법들이 있다. 하지만 시행 전후를 측정할 수 없다면 어떠한 방법
도 시도해서는 안 된다. 만약 차폐가 잘못되면 실제로 노출되는 방
사선을 증가시킬 수 있다.

고압선

셀 타워에 대해 언급한 모든 내용들은 고압선에도 그대로 적용된다.
차이점은 고압선은 무선주파수 방사선이 아닌 강력한 자기장을 방출
한다는 것이며, 자기장은 쉽게 차폐되지 않는다는 것이다.

낮은 수준의 자기장에 노출되는 것은 어린이 백혈병 증가와 관련이
있다는 사실이 알려져 왔다.[497] 성인들에게 미치는 영향은 분명하지
않지만, 영국의 관련 단체(Powerwatch UK)에 따르면 300여 건의 전력

---

496 만약 세 가지 EMF를 측정하길 원한다면 Cornet ED88T를 179달러에 구입하는
     것이 가장 값싼 해법이 될 것이다.
497 대부분의 연구가 자기장 2mG 이상에서 어린이 백혈병 증가를 보여주기 때문
     에 나는 사전예방적 수준을 하루 동안 1mG 수준 유지를 주장한다.

선과 저준위 자기장에 관한 연구를 종합한 결과 200여 건 이상이 건강에 부정적인 영향을 미친 것으로 조사되었다.[498]

그렇다면 얼마나 가까워야 영향을 줄 수 있나? 거리에 따라 나타난 일련의 결과들을 살펴보자.

고압선으로부터의 거리	영향
< 300m	어린 시절 노출은 자라서 면역체계 이상을 일으킬 위험을 두 배로 증가시킨다.[499]
< 100m	뇌종양(Meningioma) 발병 위험 증가[500]
< 61m[501]	정자의 운동성 또는 형태학 저하 위험 두 배 증가[502]
< 50m	10년 후 알츠하이머 발병 위험 두 배 증가[503]

물론 전력선 종류에 따라 방출하는 자기장도 달라진다. 가장 강력한 세기의 전력선(400kV)도 실제로는 200m 거리에서 0.5mG이하의 자기장을 방출한다.[504] 그래서 아마 대부분의 일반 주택은 전력선으로부터 "안전한 거리"에 있다고 말할 수 있다.

하지만 집밖에 있는 전력선이 너무 가까운지 또는 실제로 무해한지는

---

498 powerwatch.org.uk
499 ncbi.nlm.nih.gov
500 ncbi.nlm.nih.gov
501 보통 고압선으로부터 61미터 떨어진 곳에서 1.8mG가 나타난다. 다음 자료 참고. niehs.nih.gov/health/topics/agents/emf/
502 ncbi.nlm.nih.gov
503 reuters.com
504 emwatch.com

EMF 측정기를 가지고 있지 않는 한 절대 100% 확신할 수 없다.

어떤 전력선이 문제가 되는지 육안으로 구분하기란 매우 어려운 일이다. 경우에 따라서는 주거지 부근의 일반 전력선이 침실과 아주 가까이 있다면 심각한 문제가 될 수 있다.

고압선에서 나오는 전기장의 에너지로 형광등 불이 켜진다. 같은 현상이 자신이 사는 집에서 일어나는 것을 원하는 사람을 없을 것이다.

어린이

첫날부터 노출되었음

세 가지 핵심 사항

1. 임신 기간 중 몸을 보호한다.
2. 모든 연령의 어린이 주변에 있는 기기들은 비행모드로 설정한다 (특히 야간에는).
3. 블루투스 장비 사용은 최소한으로 줄인다.

이제 그만 우울한 이야기는 끝내자

내가 지금 이 부분을 쓰면서 감정적으로 냉정하기가 매우 어렵다. 왜냐하면 오늘날 우리들의 어리석고 무지한 기술 사용으로 인해 가장 큰 피해를 당해야 하는 자들이 어린이와 앞으로 태어날 새로운 세대들이라는 사실 때문이다.

고장 난 레코드판처럼 같은 소리를 반복하지 않기 위해, 앞에서 언급한 개인용 기기와 주거 환경에 관해 우리가 해야 할 사항들은 다시 설명하지 않겠다. 앞 절에서 언급한 세 가지 주요 사항만 실천해도, 자녀들이 당할 수 있는 EMF 위험의 90%는 제거할 수 있다.

이 책에서 지금까지 내가 설명한 모든 것들이 어린이들에게 미치는 영향은 기하급수적으로 증가한다는 사실을 명심해야 한다. 이는 어린이의 몸은 더 많은 물을 함유함으로 인해 더 많은 방사선을 흡수하기 때문이다. 1세 영아는 방사선 흡수량이 두 배에 이른다.[505]

하지만 내가 생각하기에 오늘날 모든 부모들이 직면하고 있는 가장 큰 문제는 "테디 베어 대신에 아이패드가 사용되는 세상에서 어떻게 어린이들로 하여금 기술 사용 방식을 바꾸도록 하느냐"이다.

내가 이런 식으로 강력한 주장을 할 때면, 내 나이 또래의 대다수 젊은이들은(나는 30대 초반임) 내가 이 문제를 과장하고 있다고 한다. 하

---

505   Daniel and Ryan DeBaun의 저서 Radiation Nation에 나온 자료.

지만 그들은 지난 30여 년간 우리가 사는 세상이 얼마나 많이 변했는지 아직 인식하지 못하고 있다.

새로운 기술과 함께 태어났다

-1세(임신) — 우여곡절을 겪게 된다

1987년, 신생아 니콜라스 피놀트(Nicolas Pineault)는 와이파이, 휴대폰, 또는 기타 무선통신기기가 없는 환경에서 태어났다. 하지만 30년이 지난 2017년에는 아기들이 어느 곳이든 무선주파수 신호가 있는 환경에서 태어난다.

오늘날에는 배 속 태아가 되기도 쉽지 않다. 대부분의 부모들이 사타구니에 전자파 방출기기(랩톱 컴퓨터)를 꽉 쪼이게 넣게 된다. 그런 상태의 생식기에서 살아남은 정자와 난자는 심각한 유전자 손상이 일어나는 환경에 나오지 않게 해 달라고 오직 기도할 뿐이다.

하지만 고통의 환경에서도 정자와 난자의 수정은 일어났고, 약 3주 정도 지나 마침내 100여 개의 세포로 분열된 배아가 되었지만 시련의 시간은 끝나지 않았다. 여전히 해야 할 일이 많이 있으며, 앞으로 남은 8개월 동안 1분당 25만 개의 뉴런을 만들어야만 한다.[506] 그런데 어떻게 사람들은 태아는 배 속에서 잠만 자면 된다고 생각하는가?

---

506 다음 자료 참고. webarchive.nationalarchives.gov.uk/20101011032547/ 그리고 iegmp.org.uk/documents/iegmp_6.pdf

바라건대, 임산부들은 휴대폰을 복부 가까이에 대고 강력한 무선주파수 신호로 태아를 쏘지 말길 바란다. 한 연구에 따르면 하루에 단 몇 초씩 무선주파수 방사선을 방출하는 의료기기를 사용하는 임신한 물리치료사는 유산 가능성이 약 3배나 증가한 것으로 나타났다.[507] 여기서 방출된 무선주파수 수준이 4G 휴대폰보다 높기는 하다.

만약 임산부가 높은 EMF 환경에서 아주 긴 시간을 보내거나 랩톱을 무릎 위에 올려놓고 사용한다면, 태아 보호용 복부 담요(Belly Blanket)나 복대(Belly Band)를 착용할 것을 제안한다. 이런 제품들은 휴대폰이나 와이파이로부터 배 속 태아를 보호하는데 매우 효과적이다.

또 임산부들은 수면도 최대한 낮은 EMF 환경에서 취할 수 있도록 아주 현명한 방법을 이 책은 제안할 것이다. 물론 임산부가 자기 집이 EMF로부터 100% 안전을 확신하기 위해 빌딩생물학 전문가에게 의뢰할 수도 있다.[508]

태어날 때가 임박했다. 긴장하고 있어라. 태아는 몸집이 자랄수록 외부로부터 보호받기가 점점 어려워진다. 그래서 더 많은 무선주파수 신호에 노출될 것이다.

---

507   ncbi.nlm.nih.gov
508   ncbi.nlm.nih.gov

0세 — 드디어 태어나다

마침내 세상에 태어났지만, 아직은 아주 열렬히 축하할 일은 아니다. 곧바로 아기들은 악마 같은 베이비 모니터를 만나게 될 것이다. 엄마는 이것이 4G 스마트폰보다 훨씬 나쁜 무선주파수 방사선의 발생원이 될 수 있다는 것을 전혀 알지 못한다.

엄마가 베이비 모니터에 관해 알게 되면 아기의 안전을 모니터할 수 있는 더 좋은 방법을 택할 것이다.[509] 더 좋은 방법으로 다음과 같은 것이 있다.

- D-Link 이더넷으로 작동되는 카메라
- 유럽 부모들을 위한 NUK BabyPhone (유럽에서만 사용 가능)
- 미국 부모들을 위한 SmartNOVA 아기 모니터

아기 머리는 제3장에서 언급한 덩치 큰 SAM의 커다란 머리보다 훨씬 작다. 그래서 베이비 모니터는 아기가 휴대폰을 아주 작은 머리에 대고 할머니랑 통화하는 것이나 다름없다. 한마디로 말이 안 된다. 아기 주변의 모든 장비들은 항상 비행모드로 두어야 한다.

아가들아 너의 그 귀여운 눈웃음을 지어보렴, 그럼 부모들이 좋은 품질의 EMF 차단 모자를 사줄 것이다.

---

509 사는 곳 주변에서 빌딩생물학 전문가를 찾기 위해서는 다음 사이트를 이용할 것. hbelc.org/find-an-expert

1세 — EMF 유모를 만나다

가족 중에 아기를 돌봐줄 새로운 멤버가 생겼다. 육아 잡지(Parents Magazine)는 현명하게도 최신 iPad를 "완벽한 유모(Baby Sitter)"라 불렀다.[510]

부모들은 iPad 유모가 아기에게 세상이 어떠한 것인지 이야기하고 있을 동안 비행모드로 항상 설정하길 바란다. 그렇지 않으면 iPad를 단지 처다보고 있는 것만으로도 무선주파수 신호가 아기의 눈을 통해 뇌로 전달될 것이다.[511]

하지만 또래들 간의 경쟁은 이미 시작되었다. 이즈음, 한 살배기 44%는 iPad나 스마트폰으로 매일 게임도 한다.[512]

2세 — 거래를 한다

아기가 점점 자라면서 아무 도움 없이 주변에서 어떤 기기를 탐색하는 확률이 28%나 된다. iPad, iPhone, 랩톱 등은 이미 옛이야기다. 기다릴 필요도 없이 새로운 전자기기들이 출시되고 곰돌이 테디 베어 운용 체계도 얘기하는 수준이 되었다. 아기들이 원하는 어플을 부모

---

510 다음 사이트에서 빌딩생물학 전문가 Jeromy Johnson의 추가 제언을 얻을 수 있음. emfanalysis.com/safe-baby-monitor/. EMF 활동가 Devra Davis 박사와 연구자들이 보고한 내용.
511 Devra Davis 박사에 의해 보고된 내용. 다음 자료 참고ieeexplore.ieee.org/document/7369205/metrics
512 내가 여기서 말하는 통계자료는 농담이 아니다. 2013년으로 돌아가 보라. 실제 숫자는 아마 지금보다 훨씬 더 높을 것이다. aap.org

가 구매 허락할 가능성도 13% 정도나 된다![513]

심지어 유명한 iPotty를 가지고 아기들이 용변 훈련을 시작할 것이다. 아기가 용변을 보는 동안 절대로 동생이 iPad를 가지고 놀지 못하도록 하라.

4세 — 혼자 스마트폰을 사용한다

아기들도 몇 년 동안 스마트폰을 사용해 왔다. 자 이제는 개인 소유 스마트폰을 가질 때가 아닌가?

도시의 저소득 가정에 살고 있다 하더라도 4세 정도의 연령이면 스마트 폰을 소유할 가능성이 약 75%에 달하며, 50%는 혼자만의 TV까지도 가지고 있을 가능성이 있다. 이 얼마나 좋은 소식인가?

6세 — 공짜 와이파이를 사용한다

때로는 학교가 무료해지기 쉽지만 걱정할 것 없다. 최소한 와이파이가 공짜니까 염려할 필요 없다.

운이 좋다면, 아이들이 개인용 iPad를 사용하는 많은 학급들 중 한 곳에 있을 수 있다. 이렇게 되면 불행하게도 아이들은 엄청난 양의 와이파이 신호에 노출되어, 실제로는 너무 나쁘다. 하지만 모든 아이들이 이렇게 하고 있다.

---

513 EMF 활동가 Devra Davis 박사와 연구자들이 보고한 내용.

만약 이런 아이들이 너무 걱정된다면, 엄마와 아빠는 Environmental Health Trust website에서 EMF 문제의 심각성을 학교에 알리는 방법에 관해 알아볼 수 있다. 학교로 하여금 2017년에 핀란드 학교가 했던 것[514]처럼 사용하지 않을 때 와이파이를 끄는 간단한 스위치를 설치하게 할 수 있다.

7세 ― 중독에 빠진다

정말인가? 증세가 심각해서 iPhone을 내려놓고 밖에서 놀거나 다른 일들을 할 수가 없다고? 너도 한국에 사는 10%의 아이들처럼 인터넷에 심각하게 중독되어 디지털 재활센터에 들어가야 하는[515] 상태에 빠졌나?

11세 ― 인터넷은 잠들지 않는다

정말 재미있게 할 수 있는 것들이 너무 많고 수많은 SNS가 실시간으로 업데이트 된다. 이런 시간에는 잠을 잘 수가 없다.

이 나이 또래는 10%가 알림 메시지를 놓치지 않기 위해 밤중에 적어도 10번은 휴대폰을 확인하게 된다.[516]

---

514 ehtrust.org
515 abc.net.au
516 bbc.com

12세 — 정서적으로 불안하다

온라인 세상에 들어가면 다소 신경이 곤두서게 된다. 지난 5년간만 보더라도 이 나이 또래는 심각한 정서적 불안감 때문에 도움을 요청하는 경우가 42%나 증가했다.[517]

이 불안감 증가는 셀카 문화를 탓해야 하나? 아니면 EMF? 또는 다른 어떤 요인? 진짜 아무도 모른다.

14세 — 기본적으로 휴대폰에 매달려 살고 있다

이 나이 또래 대부분은 휴대폰을 4년 이상 사용해 왔다. 그렇다면 불행하게도 뇌종양 발생 위험을 4배나 증가시켰을 것이다.[518] 10대 청소년들 사이에서 암 발생률이 꾸준히 증가하고 있으므로 이것은 좀 우려되는 사항이다.[519]

하지만 이러한 내용을 알고 있었다 하더라도 휴대폰 사용을 중단하기란 정말 어려운 일이다. 이 나이는 말 그대로 중독자라 할 수 있는 확률이 50%나 된다.[520] 부모들도 27% 정도가 휴대폰에 중독되었다고 하지만 이들에게 모범을 보여야 한다.

스마트폰은 생활의 일부이기 때문에 항상 주머니에 넣고 다닌다. 하루

---

517 telegraph.co.uk
518 ehtrust.org
519 journals.plus.org
520 cnn.com

에 약 9시간을 스마트폰이나 다른 기기들과 함께 시간을 보낸다.[521]

잘 때 베개 밑에 스마트폰을 놓을 확률 또한 75%나 된다.[522] 이것이 이 나이 또래 65%가 잠드는 데 30분 이상 걸리고 23%가 불면증에 시달리는 원인 중 하나일 수도 있다.[523]

16세 — 부모들은 이 나이 아이들에게 무엇을 기대하는가?

스마트폰 사용을 중단하라. 책임감을 가져라. 한순간이라도 자연 상태의 진짜 세상을 살아보라. 밤에는 스마트폰은 비행모드로 설정해라.

도대체 이 모든 새로운 규제들은 왜 하는 거야? 이 나이 또래는 이해도 할 수 없다. 아마 이들의 부모는 단지 통제광(무엇이든 규제하려는)에 불과한 것일까?

이들의 부모는 최소한 빌 게이츠[524]나 스티브 잡스[525]처럼 반기술적이지 않다. 만약 반기술적이었다면 자식들이 14세가 되기 이전에 휴대폰 사용을 금지했을 것이다.

---

521 forbes.com
522 ehtrust.org
523 ncbi.nlm.nih.gov
524 bgr.com
525 nytimes.com

요점 정리

원래 인간이 살아온 세상은 자연에 있다는 사실을 잊지 않고 더 안전하고 더 인간적으로 기술을 사용해야 한다. 그리고 어린이들에게 이러한 기술 사용 방법을 알려주는 교육은 엄마의 자궁에서부터 시작되어야 한다.

휴대폰에 중독된 자녀가 있다면, 하루 24시간 일주일 내내 온라인에 연결되어 있는 것이 기본적인 인권이라고 생각하는 아이들에게 접속을 못하게 하기보다는 교육을 시켜야한다.

우리의 몸이 자연 상태의 EMF 수준을 체험할 수 있게 하는 것이 중요함을 강조하라. 그리고 디지털 기기가 없는 공간에서 기기로 인한 유해성이 없는 해독(Detox) 주말을 가져라. 또 어린이에게는 인간이 원래 자연 속에서 살았던 삶과 다시 연결되는 것을 느낄 수 있는 계기를 가끔 만들어 주라.

그리고 필요하다면, 10대 아이들에게는 용돈을 줘 가면서라도 밤에는 휴대폰을 비행모드로 두도록 한다. 아이들은 자신들의 수면이 얼마나 향상되는지 알게 될 것이고, 결국 EMF에 무언가 있을 수 있다는 확실한 결론에 이르게 될 것이다.

EMF로부터 어린이를 보호하기 위하여 해야 할 일은 요약하면 다음과 같다.

- 기기들을 비행모드로 설정한다.
- 밤에는 모든 침실의 차단기 스위치를 내린다.
- 와이파이 라우터는 생활공간으로부터 멀리 떨어진 곳에 둔다.
- 베이비모니터와 무선전화기는 사용하지 않는다.
- 임신기간 중에는 EMF 차폐복을 사용한다.
- 예를 들어 설명하고 EMF와 차단한다.
- 밤에는 와이파이 스위치를 끈다.
- 전선과 충전기를 멀리 둔다.
- 빌딩생물학 전문가에게 주택 점검을 받는다.

추천 제품

제품	가격대
복부 담요	$69
복대	$59
빌딩생물학 기사의 주택 점검	$250 이상
D-Link 이더넷으로 작동되는 카메라	$110
NUK 베이비 폰(유럽에만 가능)	$180
SmartNOVA 베이비 모니터(생산이 중단될 수 있음)	$148
EMF 차단용 아기 모자	$19
자녀가 다니는 학교의 잘못된 기술 사용 방법을 바꾼다.	막대한 시간과 노력이 요구됨

맺음말

지금 우리는

우리는 절망적인가?
우리는 이렇게 할 수 있다
독자들은 무엇을 할 수 있나?

우리는 절망적인가?

밤 11시 7분. 몬트리올의 근사한 술집에서 나는 오랫동안 만나지 못했던 친구와 사이다를 함께 마시고 있었다.

온통 윙윙거리는 소리 때문에 제대로 대화를 할 수 없었다. 친구는 앞주머니로 손을 뻗어 스마트폰을 꺼내 알림을 훑어 내렸다. 첫 아이 임신 6개월인 그의 아내가 굿나이트 메시지와 함께 수십 번의 키스마크를 보내왔다.

간단한 문자를 빨리 보내고 스마트폰을 다시 주머니 안에 넣었다. 나에게 미안하다는 눈치를 살짝 보냈다. 나는 미소를 짓고 손을 흔들어 괜찮다고 했다. 하지만 그 순간 나는 심한 불안감을 느꼈다.

나는 혼자 생각했다. 지금 이 말을 해도 되나? 이 친구가 둘째 아이를 가질 계획이 있다면 방금 호주머니에 집어넣은 스마트폰을 비행모드로 두라고 얘기해줄까? 이 말이 아마 친구가 별로 듣고 싶지 않을 것 같은데, 해야 하나 말아야 하나?

나는 하고 싶은 대화를 미리 속으로 생각하고 있었다. 나는 아주 여유 있는 말투로 얘기 해야겠다고 생각했다. 마치 꽉 찬 엘리베이터 안에서 불편한 자세로 날씨에 관해 잡담하는 그런 식이 좋을 것 같았다. 하지만 친구는 분명 나에게 "왜?"라고 물을 것이다. 그러면 나는 이 책에서 지금까지 기술한 내용을 최대한 간략하게 설명하려고 노력할 것이다. 제대로 설명하려면 4시간 정도는 걸릴 것인데 아주 짧은 시간에 요약하려고 나는 최선을 다할 것이다.

그리고 조금 지나고 나면 친구는 두리번거리며 다른 손님들의 테이블에 놓여있는 수십여 개의 스마트폰들을 주목하게 될 것이다. 그는 각 스마트폰에서 뿜어져 나오는 보이지 않는 방사선을 상상하고 의자에서 불편하게 움직이기 시작할 것이다. 그 다음에는 나에게 고맙다고 말할 것이다.

내 설명을 다 듣고 난 친구는 분명 이 책을 읽은 독자들이 느끼는 그대로의 느낌을 받게 될 것이다. 그 느낌이란 충격, 두려움, 혐오, 긴박감 등이 기이하게 얽히고, 적어도 지금의 어리석은 기술 사용에 대한 진실을 알고 우리가 무엇을 해야 할지 깨닫게 되면서 희망적 안도감을 찾게 되는 것을 말한다.

최악의 경우 전쟁, 정치, 테러리즘, 유전자변형생물, 독성화학물질, 지구환경문제, 그리고 각종 불평등 등 오늘날 우리 모두가 계속 도전받고 있는 긴 걱정거리 목록에 "EMF"를 추가하면서 엄청난 무력감을 느낄 수도 있다.

이즈음에서 그 친구는 지금 분명 비관적이고 우울해 할 것이다. 그래서 앞으로 몇 년 동안은 상황이 훨씬 더 악화될 것이라는 사실은 나는 언급도 하지 않을 것이다.

차세대 5G 네트워크가 이제 곧 출시되어 자율주행 자동차[526]와 "사물 인터넷(IoT)"[527]이라 부르는 수십억 개의 센서가 부착된 기기로 가득한 스마트 도시와 같은 놀라운 기술 발전을 이루고, 석탄보다 싸지만 깨끗한 에너지[528]를 생산하게 될 것이다. 그리고 기술의 발전은 사람들이 노출되는 EMF 방사선의 수준을 엄청나게 증가시키게 될 것이다. 하지만 나는 그 친구에게 이 사실을 말하지 않을 것이다.[529]

앞으로 사용자들이 엄청난 5G 다운로드 속도(4G/LTE 속도보다 50배 빠름)를 즐기느라 바쁠 것이고, 통신업계는 수조의 이익을 창출하는 동안, 5G 기술력은 수백만 개의 새로운 중계기 안테나(아마 모든 거리의 모퉁이[530]와 거의 대부분의 신호등[531]에 설치 예정)를 필요로 하게 된다는 사실도 나는 그 친구에게 말하지 않을 것이다.

5G의 빠른 출시로 수혜를 보는 산업에 종사하는 대부분의 사람들은 나에게 "인류의 발전을 둔화시키는" 무례함을 비난하는 메일을 보낼 것이고, 심지어 비전이성 방사선은 사람을 병들게 한다는 것을 입증하는 확실한 과학적 증거를 보여줘도 완전히 못 본 척하고 나를 돌팔이라 비난할 것이라는 사실조차 나는 그 친구에게 말하지 않을 것이다.

---

526 computerworlduk.com
527 businessinsider.com
528 technologyreview.com
529 draxe.com
530 cio.com
531 mobile.nytimes.com

아니, 나는 절대로 그 친구에게 그런 것을 말하지 않을 것이다. 대신 좋은 소식을 전해주고 잘 마무리 할 것이다.

우리는 이렇게 할 수 있다

우리는 그저 앉아서 정부가 문제를 해결하기를 기다릴 수 있다.

그렇지만 우리 정부 기관들은 EMF에 관해 심각한 갈등 관계에 자주 처하게 될 것이다. 대신에 5G 기술이 실용화되면 어마어마한 세금을 거두어들일 수 있을 것이다. 아마 정부 기관들은 5G에 대해서도 트랜스 지방이 처음 나왔을 때처럼 곧바로 액션을 취할 것이다. 그런데 트랜스 지방은 시판된 지 약 60년 후에 심장마비를 유발하는 물질로 금지시켰다.

우리는 기업이 자발적으로 지금의 기술을 보다 안전한 것으로 바꾸기를 기다릴 수 있다.

그렇다. 기업이 책임을 져야한다. 하지만 기업이 하는 모든 것은 지금의 엉터리 안전기준 규칙에 따르는 것이고, 보다 안전한 무선기기 연구개발에 필요한 수십억 달러를 기업이 투자할 아무런 이유가 없다는 것이다. 이것이 냉혹한 현실이다.

아니면, 이제 문제를 알게 되었으니 지금부터 우리 스스로 보다 안전한 기술을 요구하기 시작할 수 있다.

우리는 애플과 삼성 스마트폰의 페이스북에 훨씬 적은 양의 방사선을 방출하는 폰을 원한다는 내용을 포스팅할 수도 있고, 마틴 폴(Martin Pall) 박사의 유튜브 영상을 보고 링크시킬 수도 있다.[532] 여러분들이 알고 있는 10여 명에게 이 책을 이야기하고, 또한 그들로 하여금 또 다른 10여 명에게 얘기하도록 할 수 있다. 그 결과 높은 소비자 욕구를 창출하여 어떤 선견지명이 있는 한 기업체로 하여금 보다 안전한 휴대폰을 만들어 무선통신산업계 전체를 뒤흔들게 하는 결정을 하도록 유도할 수 있다.

교육과 인지(아는 것)는 놀라운 힘을 가져온다. 일단 최초의 "건강한" 스마트폰이 시장에 출시되면, 원하지 않을 사람이 정말 있을까? 더 이상 "안전하지 않은" 폰으로 확실히 밝혀진 구식 폰의 판매에 어떠한 영향을 미칠 것이라 생각하는가?

엔지니어들은 보다 건강한 무선 신호를 사용하는 차세대 폰을 발명할 수도 있을 것이다. 그 무선 신호는 양극화되지 않거나[533], 다른 변조 또는 다른 펄스, 다른 주파수 또는 스칼라 에너지(양만 있고 방향이 없는)를 사용할 수도 있다. 어떤 발명이 이루어질지 아무도 모른다. 이런 생각은 내 머리에 넘쳐 나지만 연구가 필요하다.

---

532 이 영상을 보면 누구라도 놀라서 회의적인 생각이 달아나게 된다. youtube.com/watch?v=Pjt0iJThPU0C

533 2015년 파나고폴로수 등(Panagopoulos et al.)은 인간이 만든 비전이성방사선이 낮은 수준에서도 세포의 칼슘 채널에 영향을 미치게 되는 이유를 자연 상태의 EMF는 극성을 띠지 않는 반면에 인간에 의한 EMF는 극성을 띠기 때문이라는 이론을 세웠다. 다음 자료 참고. ncbi.nlm.nih.gov/pmc/articles/PMC4601073/

이 모든 것이 꿈만 꾸는 이상향에 불과하다고? 그렇다면 유기농 식품에서 무엇이 일어났는지, 또는 지난 10여 년간 글루텐 프리 운동에서 무엇이 일어났는지 보자. 수조원에 이르는 이 두 가지 산업 모두 풀뿌리 운동에서 촉발된 높은 소비자 인식 때문에 가능했던 일이다.

지금부터 몇 십 년이 지나서 역사학자들은 2000년대 초를 현대 기술의 중세 암흑기라고 여길 수도 있다. 그리고 그들은 세상에 어떻게 그렇게 원시적인 기기들이 자신들의 세포를 공격하고 있는 것을 모르고 있었는지 의아해 할 수도 있다. 얼마나 멍청한가?

아니다. 우리는 절망적이지 않다. 우리는 단지 이윤이 최우선이고 안전이 차선인 사회의 희생자일 뿐이다. 우리가 희생자가 된 이 사회에서는 대부분의 사람들이 합법적으로 구입할 수 있는 것은 당연히 안전하다고 착각하고 있다.

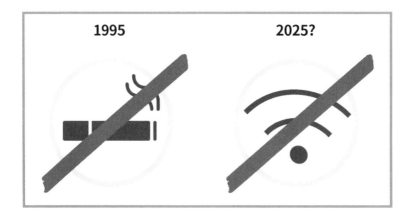

심호흡을 하고, 스마트폰을 비행 모드에 놓고, 자연과 다시 만나도록 하라. 우리 모두 이것을 극복하기 위해 맑은 머리, 열린 마음, 긍정적인 태도를 필요로 할 것이다.

독자들은 무엇을 할 수 있나?

만약 이 책이 당신의 삶에 변화를 주었다면 주변에 널리 알려주길 바란다. 그러면 나는 정말 감사하게 생각할 것이다.

만약 EMF 건강 피해에 관해 아주 심하게 의심하는 친구가 있다면 이 책을 읽게 만들어라. 그리고 그런 친구에게는 마틴 폴(Martin Pall)의 칼슘채널(VGCCs)에 관한 연구, 또는 전기화학치료학에 기초한 의료기기가 1991년 이후 매우 약한 세기의 EMF를 사용하여 뇌혈관 보호막(또는 기타 생물학적 보호막)의 투과성을 높여 약물을 보다 효과적으로 전달하기 위해 사용되었다는 사실[534]이 "틀렸음을 증명"하라고 요청해 보라.

또한 EMF 이슈를 널리 알리고 세계에 진정한 변화를 주기 위해 열심히 일하고 있는 비영리 단체를 지원하라.

나는 진정한 변화를 위해 투쟁하는 가장 중요한 비영리단체 중 하나인 the Environmental Health Trust의 놀라운 활동을 지원해 주기를 적

---

534 다음 자료 참고. ncbi.nlm.nih.gov/pubmed/1723647 그리고 en.wikipedia.org/wiki/Electrochemotherapy

극 추천한다.

나는 아내이자 파트너인 제네비베(Geneviève) 그리고 N&G Média inc.
팀과 함께 무료 일일 건강 뉴스레터, "닉 & 젠의 건강한 삶(Nick & Gen's
Healthy Life)"를 발행하면서 살아가고 있다.

여기서 우리는 건강한 삶, 영양 섭취, 운동, 그리고 EMF와 같은 우리
가 관심을 가지는 다양한 주제에 관해 실생활 해결책을 제공한다. 우
리는 또한 건강한 제품을 추천하고 윤리적인 제휴 마케팅을 통하여
수익을 창출한다.[535]

뉴스레터를 구독하려면 nickandgenhealthylife.com에 접속하면 된다.

---

535 나는 지난 5년 동안 도덕적이고 진심 어린 제휴 마케팅을 해왔다. 나는 제휴
마케팅이 나쁘지 않다고 생각하지만, 만약 독자들이 원하지 않으면 우리 제휴
링크 대신에 구글에 가서 다른 상품을 구입할 수 있다.

부록

약어 설명
보충 자료
사진 제공

약어 설명(Acronym)

AC(Alternating Current): 교류

ADA(American with Disabilities Act): 미국 장애인법

ADHD(Attention Deficit Hyperactivity Disorder):
주의력 결핍 과잉 행동 장애

ALS(Amyotrophic Lateral Sclerosis): 근위축성 측색경화증

ANSI(American National Standards Institute): 미국 국가표준협회

BBB(Blood-Brain Barrier): 뇌혈관 보호막

BPA(Bisphenol-A): 비스페놀-A

CCD(Colony Collapse Disorder): 벌떼 붕괴 현상

CFCs(Chlorofluorocarbons): 클로로 플로로 카본(프레온)

CFL(Compact Fluorescent Light): 소형 형광등

CPAP(Continuous Positive Airway Pressure): 지속성 기도 양압

DC(Direct Current): 직류

DE(Dirty Electricity): 유해전기

DECT(Digital Enhanced Cordless Telecommunications): 무선전화기

DNA(Deoxyribo Nucleic Acid): 유전자

ECG(Electrocardiogram): 심전도

EF(Electric Fields): 전기장

EHS(Electro-Hypersensitivity): 전자파 과민증

ELF(Extremely Low Frequency): 극저주파(30~300Hz)

EMF(Electro Magnetic Field): 전자기장

EPA(Environmental Protection Agency): 미국 연방환경보호청

ESA(Endangered Species Act): 멸종생물방지법

EU(European Union): 유럽연합

EUROPAEM(European Academy for Environmental Medicine):
유럽 환경의학아카데미

FCC(Federal Communications Commission): 미국 연방통신위원회

FDA(Food and Drug Administration): 미국 식품의약국

GABA(Gama Amino Butyric Acid):
감마아미노낙산(포유류 중추신경계 신경전달물질)

GAO(Government Accountability Office): 미국 회계감사원
GPS(Global Positioning System): 위성 위치확인 시스템
HVAC(Heating, Ventilation, Air-Conditioning): 냉난방 공조 시스템
IARC(International Agency For Research on Cancer): 국제암연구소
IBS(Irritable Bowel Syndrome): 과민성 대장 증후군
ICNIRP(International Commission on Non-Ionizing Radiation Protection): 국제비전이성방사선방지위원회
IDEA(Irish Doctors' Environmental Association): 아일랜드 환경의사협회
IEEE(Institute of Electrical and Electronics Engineers): 미국 전기전자공학회
IoT(Internet of Things): 사물 인터넷
LCD(Liquid Crystal Display): 액정화면
LED(Light Emitting Diode): 발광 다이오드
MCS(Multiple Chemical Sensitivities): 다중 화학물질 민감증
MF(Magnetic Fields): 자기장
MRI(Magnetic Reasonance Imaging): 자기공명 화상법
MS(Multiple Sclerosis): 다발성 경화증
NADPH(Nicotinamide Adenine Dinucleotide Phosphate Hydrogen):
    니코틴아미드 아데닌 디뉴클레오티드 인산의 환원형
NOAA(National Oceanic and Atmospheric Administration):
    미국 국립해양대기청
NTP(National Toxicology Program): 국가독성학프로그램
PCE(Perchloroethylene): 퍼클로로 에틸렌
RAS(Rapid Aging Syndrome): 급속노화증후군
RBC(Red Blood Cells): 적혈구
REM(Rapid Eye Movement) Sleep: 급속안구운동(렘) 수면
RF(Radio Frequency): 무선주파수
SAM(Specific Anthropomorphic Mannequin): 특수 인공 마네킹
SAR(Specific Absorption Rate): 전자파 인체 흡수율
SIM(Subscriber Identity Module): 사용자 확인 모듈
TCA(Telecommunications Act): 미국 통신법
VGCC(Voltage-Gated Calcium Channel): 전압 조절 칼슘 채널
WHO(World Health Organization): 세계보건기구

보충자료

제4장 — EMF는 수면에 영향을 줄 수 있나?

연구	무선주파수 방사선 (V/m)	영향	연구자(출처)
A	0.047-0.22	기지국에서 GSM 900/1800MHz 휴대폰 신호에 의한 노출되었을 경우 피로, 우울증, 수면 장애, 집중장애, 심혈관 문제 등이 보고됨.	Oberfeld, 2004 (vws.org)
B	0.14	성인(30~60세)의 경우 만성적인 노출은 수면 장애 유발(그러나 인구 전체 집단에는 크게 증가 하지 않았음)	Mohler et al., 2010 (ncbi.nlm.nih.bov)
C	0.19-0.64	셀 타워의 무선주파수 방사선이 피로, 두통, 수면 문제 유발	Navarro et al., 2003 (emf-portal.org)
D	0.19-0.43	GSM 휴대폰에 짧은 기간 노출된 성인(18~91세)의 경우 두통, 신경 장애, 수면과 집중력 문제 보고됨.	Hutter et al., 2006 (ncbi.nlm.nih.gov)
E	0.43-0.61	무선주파수 방사선은 두통, 집중 및 수면 장애, 피로와 관련 있음.	Kundi, 2009 (emf-portal.org)
F	13.72	REM 수면(기억 및 학습 기능에 중요) 18% 감소	Mann and Roschke, 1996 (emf-portal.org)

연구	무선주파수 방사선 (SAR W/kg)	영향	연구자 (출처)
G	0.25	쥐(Rats) 실험에서 REM 수면 지연됨.	Mohammed et al., 2013 (sciencedirect.com)
H	1	수면 장애	Huber et al., 2003 (ncbi.nlm.nih.bov)
I	1	GSM 휴대폰 사용은 뇌파 진동과 수면 뇌파 (EEG)를 조절	Huber et al., 2003 (ncbi.nlm.nih.gov)

연구	무선주파수 방사선(SAR W/kg)	영향	연구자 (출처)
J	1	깨어있는 동안 휴대폰의 무선주파수 방사선은 이후 수면 뇌파(EEG) 활동에 영향 유발	Achermann et al., 2000 (emf-portal.org)
K	1	수면 패턴과 뇌파 활동은 잠자는 동안 900MHz 휴대폰 방사선 노출에 따라 변화	Borbely et al., 1999 (emf-portal.org)
L	1.95	깊은 숙면 감소	Lowden et al., 2011 (emf-portal.org)
M	2	펄스 변조 무선주파수 방사선과 자기장은 뇌 생리에 영향을 줌(수면 연구).	Schmid et al., 2012 (ncbi.nlm.nih.gov)

제5장 EMF는 뇌종양 발생에 영향을 줄 수 있나?

밝혀진 사실	연구자 (출처)
뇌종양 발생 위험 증가, 특히 같은 쪽 뇌종양 위험 증가	Bortkiewicz et al., 2017 (ncbi.nlm.nih.gov)
뇌종양 발생 위험 증가	Myung et al., 2009 (ncbi.nlm.nih.gov)
뇌종양 발생 위험 증가. 특히 장기 사용자들 뇌종양 발생 위험 증가(10년 이상)	Prasad et al., 2017 (ncbi.nlm.nih.gov)
신경교종(glioma) 위험 증가	Carlberg and Hardell, 2012 (ncbi.nlm.nih.gov)
과다한 휴대폰 사용과 뇌종양 발생 사이의 연관성	Coureau et al., 2014 (ncbi.nlm.nih.gov)
직업적 자기장 노출은 신경교아종(glioblastoma) 발생 위험 증가	Villeneuve et al., 2002 (ncbi.nlm.nih.gov)
신경교종(Glioma) 및 음향 신경종(Acoustic Neuroma)은 휴대폰 방출 EMF로 인한 것으로 간주되어야 함.	Carlberg and Hardell, 2013 (ncbi.nlm.nih.gov)
휴대폰 방사선은 뇌종양을 유발하며 인체 발암물질(2A)로 분류되어야 함.	Morgan et al., 2015 (ncbi.nlm.nih.gov)

제5장 — EMF는 유방암 발생에 영향을 줄 수 있나?

밝혀진 사실	연구자 (출처)
무선통신기사(Radio Operators)들의 유방암 발생 증가	Tynes et al., 1996 (ncbi.nlm.nih.gov)
50세 미만의 여성은 1mG 이상의 자기장에 노출되었을 경우 에스트로겐 수용체 양성 유방암에 걸릴 확률이 7배 증가	Feychting et al., 1998 (ncbi.nlm.nih.gov)
EMF와 유방암 사이의 타당한 연관성	Caplan et al., 2000 (ncbi.nlm.nih.gov)
25mG 이상의 자기장에 노출되는 직업군은 유방암 발생 위험 3배 증가	Carlberg and Hardell, 2012 (ncbi.nlm.nih.gov)
높은 수준의 자기장에 노출된 사무직 남성 유방암 집단	Milham, 2004 (ncbi.nlm.nih.gov)
초저주파수 자기장(ELF MF)에 직업상 장기적으로 심각하게 노출되는 경우 알츠하이머 및 유방암의 발생 위험 확실한 증가.	Davanipour and Sobel, 2009 (ncbi.nlm.nih.gov)
자기장(MF) 노출과 유방암 발생과의 연관성	Chen et al., 2013 (ncbi.nlm.nih.gov)
EMF 노출은 남성 유방암 발생 위험 증가와 연관이 있을 수 있음.	Sun et al., 2013 (ncbi.nlm.nih.gov)
낮은 수준의 자기장(MF)은 유방암 발생 위험을 증가시킴.	Zhao et al., 2014 (emf-portal.org)

제5장 — EMF는 남성 생식력에 영향을 줄 수 있는가?

연구	무선주파수 방사선(V/m)	영향	연구자 (출처)
A	0.036	생쥐(Mice)의 정자 수 감소	Behari and Kesari, 2006 (Embryo Talk, 2006)
B	0.5-0.6	생쥐(Mice) 정자의 형태학적 기형 발생	Otitoloju et al., 2010 (ncbi.nlm.nih.gov)
C	0.79-2	생쥐(Mice)의 영구 불임	Magras and Zenos, 1997 (ncbi.nlm.nih.gov)

연구	무선주파수 방사선 (V/m)	영향	연구자 (출처)
D	1.37	2.45GHz에서 30-40분간 노출로 생쥐의 정소성 상피에 심각한 변질 발생	Saunders and Kowalczuk, 1981 (ncbi.nlm.nih.gov)
E	1.37-1.94	4시간 동안 와이파이로 연결된 랩톱 사용은 정자 진행 운동성의 현저한 감소 및 정자 DNA 분열 증가 유발	Avendano et al., 2012 (ncbi.nlm.nih.gov)
F	43.41	펄스 무선주파수 방사선에 12시간 노출 후 테스토스테론의 24.6 % 감소 및 인슐린은 23.2 % 감소 관측	Navakatikian, 1994 (Academic Press, 1994)

연구	무선주파수 방사선(SAR W/kg)	영향	연구자 (출처)
G	0.0024	정자의 형태학적 질 저하	Dasdag et al., 2015 (emf-portal.org)
H	0.0071	쥐(Rat) 고환의 DNA 손상	Akdag et al., 2016 (researchgate.net)
I	0.091	쥐(Rat) 고환의 산화 스트레스	Atasoy et al., 2013 (ncbi.nlm.nih.gov)
J	0.4	정자 DNA 손상 및 운동력 저하	De Luliis et al., 2009 (journals.plos.org)
K	1.2	고환의 산화 손상 유발	Esmekaya et al., 2011 (emf-portal.org)
L	1.46	정자의 DNA 손상과 저조한 운동력	Zalata et al., 2015 (emf-portal.org)
M	2	정자의 형태학적 질 저하	Falzone et al., 2011 (ncbi.nlm.nih.gov)

제5장 — EMF는 남성 생식력에 영향을 줄 수 있는가? (메타 분석)

발표 년도	분석한 연구 수	결론	연구자 (출처)
2014	10	휴대폰 노출은 정자의 질에 부정적 영향 유발	Adams et al., 2014 (sciencedirect.com)
2012	26	무선주파수 방사선에 노출된 정자는 운동성 감소, 형태학적 이상, 산화 스트레스 증가를 보임. 휴대폰을 사용하는 남성은 정액의 농도를 감소시키고 운동과 생존력을 떨어뜨림.	La Vignera et al., 2012 (ncbi.nlm.nih.gov)
2009	99	휴대폰 방출 무선주파수는 정자의 수정력에 영향을 미칠 수 있음.	Desai et al., 2009 (ncbi.nlm.nih.gov)
2013	11	휴대폰 방사선은 정자의 질에 상당한 영향을 미치는 경향이 있음.	Dama and Bhat, 2013 (ncbi.nlm.nih.gov)
2014	18	최근 연구에서 나온 증거는 휴대폰 사용이 정액의 상태 지표에 유해한 영향을 미칠 수 있음을 시사.	Liu et al., 2014 (ncbi.nlm.nih.gov)
2016	27	무선주파수 방사선은 산화 스트레스를 유발하는 정액의 미토콘드리아 기능 장애를 일으킬 수 있음.	Houston et al., 2016 (ncbi.nlm.nih.gov)

제5장 — EMF는 두뇌에 영향을 줄 수 있는가?

연구	무선주파수 방사선(V/m)	영향	연구자 (출처)
A	0.14-0.39	휴대폰 방사선에 짧은 시간 노출된 성인의 경우 두통과 집중력 장애가 나타남 (차이는 심각하지 않지만 증가됨).	Thomas et al., 2008 (ehjournal.biomedcentral.com)
B	0.15	쥐(Rat) 실험에서 행동 장애 발생	Daniels et al., 2009 (emf-portal.org)

연구	무선주파수 방사선 (V/m)	영향	연구자 (출처)
C	0.24-0.89	GSM 900 방사선에 짧은 시간 노출된 성인의 경우 정신상태의 변화(예, 안정감)가 나타났지만 언어 표현의 한계로 변화 정도를 적절히 묘사할 수 없었음(멍청해짐, 멍한 상태).	Augner et al., 2009 (ncbi.nlm.nih.gov)
D	0.55	개미의 경우 기억 장애 발생	Cammaerts et al., 2012 (emf-portal.org)
E	0.7	3G 셀 타워에서 방출되는 무선주파수 방사선은 인지 및 행복감 감소 유발	Zwamborn et al., 2003 (emf-portal.org)
F	0.78	개미의 경우 행동 장애 발생	Cammaerts et al., 2013 (emf-portal.org)
G	0.89-2.19	UTMS 휴대폰 방사선에 단 45분간 노출된 청소년과 성인의 경우 두통의 증가가 나타남.	Riddervold et al., 2008 (emf-portal.org)
H	1.74-6.14	무선주파수 방사선은 정서적 행동 변화 및 매우 약한 MW로도 자유 라디칼 손상 유발	Akoev et al., 2002 (ncbi.nlm.nih.gov)
I	1.94	무선주파수 방사선은 뇌혈관 보호막 누출 질환 유발	Persson et al., 1997 (link.springer.com)
J	2.37	무선주파수 방사선은 쥐(Rat)의 기억력 감소 유발	Nittby et al., 2007 (emf-portal.org)
K	8.68	신경전달물질 감소	Aboul Ezz et al., 2013 (ncbi.nlm.nih.gov)
L	11.07-12.85	각막에 영향을 유발	Akar et al., 2013 (ncbi.nlm.nih.gov)
M	13-34	쥐(Rat)의 뇌에 산화 스트레스 유발	Dasdag et al., 2012 (emf-portal.org)
N	14.31	쥐(Rat)의 뇌에 산화 스트레스 유발	Esmekaya et al., 2016 (emf-portal.org)
O	15.14	혈액 내 세로토닌 함량 변화	Eris et al., 2015 (emf-portal.org)
P	62.6	전두엽, 뇌간, 소뇌의 구조적 변화와 산화 스트레스 및 염증성 시토카인 시스템 손상	Eser et al., 2013 (turkishneurosur gery.org.tr)

연구	무선주파수 방사선 (SAR W/kg)	영향	연구자 (출처)
Q	0.00067	기억력 및 학습장애, 뇌의 DNA 손상	Deshmukh et al., 2013 (emf-portal.org)
R	0.0016 - 0.0044	매우 낮은 수준의 700MHz CW는 해마 조직의 민감성에 영향을 주며 이는 보고된 행동 변화와 일치함	Tattersall et al., 2001 (ncbi.nlm.nih.gov)
S	0.016-2	신경세포 형성 감소	Bas et al., 2009 (ncbi.nlm.nih.gov)
T	0.17-0.58	쥐(Rat) 뇌의 산화 스트레스 유발	Dasdag et al., 2009 (emf-portal.org)
U	0.31-0.78	골수 DNA 손상	Sekeroglu and Sekeroglu, 2013 (ncbi.nlm.nih.gov)
V	0.37	쥐(Rat)의 뇌세포 신진대사 변화	Fragopoulou et al., 2012 (emf-portal.org)
W	0.41-0.98	쥐(Rat)의 기억 장애	Fragopoulou et al., 2010 (emf-portal.org)
X	1.38-1.45	쥐(Rat)의 신경독성 생체지표 변화	Carballo-Quintás et al., 2011 (ncbi.nlm.nih.gov)
Y	1.5	뇌 및 신경계 스트레스	Ammari et al., 2010 (ncbi.nlm.nih.gov)
Z	1.51	무선주파수 방사선에 장기 노출은 쥐(Rat)의 microRNA 발현 변화, 신경발생 질환과 연관	Dasdag et al., 2015a (emf-portal.org)
AA	1.6	휴대폰을 사용한 쪽 머리카락의 DNA 손상	Cam and Seyhan, 2012 (ncbi.nlm.nih.gov)
BB	10~20일동안 하루6시간 3G핸드폰 사용 노출	쥐(Rat)의 코 점막 손상, 알레르기 증상 증가	Aydoğan et al., 2015 (ncbi.nlm.nih.gov)
CC	하루8시간동안 컴퓨터모니터에 노출	눈에 산화 스트레스 유발	Mehmet et al., 2009 (researchgate.net)

제5장 — EMF는 체중에 영향을 줄 수 있는가?

연구	무선주파수 방사선 (V/m)	영향	연구자 (출처)
A	0.04 - 0.9	타액의 코티솔 성분 증가	Augner et al., 2010 (ncbi.nlm.nih.gov)
B	0.15-0.19	기지국에서 방출되는 무선주파수가 인체 전신에 만성적으로 노출된 경우 스트레스 호르몬 증가; 도파민 수치 현격히 감소; 아드레날린과 노르 아드레날린의 높은 수치; 용량-반응 관계 나타남; 1.5년 뒤에도 세포에서 만성적인 생리적 스트레스 유발	Buchner and Eger, 2012 (emf-portal.org)
C	8.68	혈청 코티솔(스트레스 호르몬) 증가	Mann et al., 1998 (emf-portal.org)
D	43.41	펄스 무선주파수 방사선에 12시간 노출된 후에 테스토스테론 24.6 %, 인슐린 23.2 % 감소	Navakatikian, 1994 (Academic Press, 1994)

제5장 — EMF는 체중에 영향을 줄 수 있는가? (노출 형태)

노출 형태	영향	연구자 (출처)
50분 동안 휴대폰 사용	휴대폰에 50여 분 노출은 안테나와 가까운 쪽 뇌의 포도당 대사 증가와 연관됨.	Volkow et al., 2011 (ncbi.nlm.nih.gov)
80일 동안 하루 30분씩 휴대폰 사용	쥐(Rat)의 혈당 수치 증가	Celikozlu et al., 2012 (ncbi.nlm.nih.gov)
유해전기 최고 수준 (> 2,000GS units)	제1형 및 제2형 당뇨병의 혈장 포도당 수치는 실내 배선(유해전기)과 관련된 kHz 범위의 무선주파수 형태로 나타나는 전자기장 오염에 반응	Havas, 2008 (ncbi.nlm.nih.gov)

노출 형태	영향	연구자 (출처)
유해전기 최고 수준 (> 2,000GS units)	유해전기 필터 설치 후 혈당수치 감소	Sogabe, 2006 (Sogabe, K. (2006). Yoyogi Natural Clinic in Japan. Personal communication, July 11.)
6mG 이상의 자기장	혈당 수치 증가	Litovitz et al., 1994(16th Annu. Meeting Bioelectromagn. Soc.)

제5장 — EMF는 심장에 영향을 줄 수 있나? (무선주파수)

연구	무선주파수 방사선(V/m)	영향	연구자 (출처)
A	0.05-0.22	심혈관 문제	Oberfeld, 2004 (vws.org)
B	0.43-0.61	신경 심근 증상에 부정적 영향 및 암 발생 위험	Khurana et al., 2010 (ncbi.nlm.nih.gov)
C	1.19	심장 세포의 칼슘 대사	Schwartz et al., 1990 (emf-portal.org)
D	3.07	심장 근육 세포의 칼슘 농도	Wolke et al., 1996 (onlinelibrary.wiley.com)
E	20	혈압과 심장 박동수 변화	Szmigielski et al., 1998 (ncbi.nlm.nih.gov)

연구	무선주파수 방사선(SAR W/kg)	영향	연구자 (출처)
F	0.00015 - 0.003	분리해낸 개구리 심장 조직을 16Hz의 약한 무선주파수 조절 상태에 두었을 때 칼슘이온 이동이 18 %(P< 0.1)와 21 %(P< 0.5) 증가함	Schwartz et al., 1990 (ncbi.nlm.nih.gov)
G	0.48	심박변이(HRV: Heart Rate Variability)의 변화	Andrzejak et al., 2008 (emf-portal.org)

연구	무선주파수 방사선(SAR W/kg)	영향	연구자 (출처)
H	1	심박변이(HRV)의 변화	Huber et al., 2003 (emf-portal.org)
I	1.2	심장의 산화 손상 유발	Esmekaya et al., 2011 (emf-portal.org)

제5장 — EMF는 심장에 영향을 줄 수 있나? (자기장)

연구	자기장 방사선(mG)	영향	연구자 (출처)
A	0.00034	개(Dog)의 심박박동 변화	Scherlag et al., 2004 (ncbi.nlm.nih.gov)
B	24	심장의 항산화 수치 감소	Martinez-Samano et al., 2010 (emf-portal.org)
C	42	심박변이(HRV)의 변화	Baldi et al., 2007 (emf-portal.org)
D	373	심박변이(HRV) 및 혈압 변화	Bortkiewicz et al., 2006 (emf-portal.org)
E	800	혈압 상승, 심박변이(HRV) 감소	Ghion et al., 2004 (onlinelibrary.wiley.com)

제5장 — EMF는 해독작용에 영향을 줄 수 있나?

연구	무선주파수 방사선(SAR W/kg)	영향	연구자 (출처)
A	0.14	비장(Spleen) 내 항체 수치 상승	Elekes et al., 1996 (emf-portal.org)
B	0.38	간에서 산화작용 손상	Ozgur et al., 2010 (ncbi.nlm.nih.gov)

연구	무선주파수 방사선(SAR W/kg)	영향	연구자 (출처)
C	0.6	신장과 간의 DNA 손상	Trosic et al., 2011 (emf-portal.org)
D	0.88	간에서 산화 손상 유발	Furtado-Filho et al., 2014 (emf-portal.org)
E	1.2	간에서 산화 손상 유발	Esmekaya et al., 2011 (emf-portal.org)
F	1.2	신장의 산화 스트레스 유발	Ozorak et al., 2013 (ncbi.nlm.nih.gov)
G	1.52	방광 조직의 산화 스트레스 유발	Koca et al., 2014 (ncbi.nlm.nih.gov)
H	1.6	간세포의 산화 손상 유발	Luo et al., 2014 (ncbi.nlm.nih.gov)

제5장 — EMF가 어린이 영향을 줄 수 있나? (무선주파수)

연구	무선주파수 방사선 (V/m)	영향	연구자 (출처)
A	0.11-0.27	어린이와 십대 청소년의 경우 짧은 시간 노출도 학교에서 두통, 짜증, 집중력 장애 유발	Heinrich et al., 2010 (emf-portal.org)
B	0.33-1.02	ADHD 증가	Calvente et al., 2016 (ncbi.nlm.nih.gov)
C	0.78	학생들의 운동 기능, 기억력, 주의력에 영향을 줌.	Kolodynski and Kolodynska, 1996 (ncbi.nlm.nih.gov)
D	0.87-5.49	어린이 백혈병 2배 증가	Hocking et al., 1996 (emf-portal.org)
E	0.87-5.49	백혈병 어린이들의 생존율 감소	Hocking et al., 2000 (emf-portal.org)
F	2.17	태내(In-Utero)에서 노출된 쥐(Rat)의 신장 발달 장애	Pyrpasopoulou et al., 2004 (ncbi.nlm.nih.gov)
G	25-35	태아 생쥐의 뼈 성장 장애	Fragopoulou et al., 2010 (emf-portal.org)

연구	무선주파수 방사선 (SAR W/kg)	영향	연구자 (출처)
H	0.6-0.9	태아 생쥐의 뼈 성장 장애	Fragopoulou et al., 2009 (avaate.org)
I	1.6	무선주파수에 노출된 생쥐 태아의 경우 성장 후 ADHD 증상이 나타남.	Aldad et al., 2012 (nature.com)
J	1.98	어린이의 뇌파 변화 유발 (그로 인한 결과 불분명)	Krause et al., 2006 (emf-portal.org)

제5장 — EMF는 어린이에 영향을 줄 수 있나? (자기장)

연구	자기장 방사선(mG)	영향	연구자 (출처)
K	2	2mG 또는 그 이상의 자기장에 노출된 어린이들의 백혈병 위험 증가	Zhao et al., 2014 (ncbi.nlm.nih.gov)
L	2	2mG 또는 그 이상의 자기장에 노출된 어린이들의 백혈병 위험 증가	Feychting and Ahlbom, 1993 (emf-portal.org)
M	4	세 가지 종류의 어린이 암 발생 위험 현격한 증가	Olsen et al., 1993 (emf-portal.org)
N	10	60Hz 자기장은 메추리(quail) 배아에서 혈관 시스템 발달 억제	Costa and de Albuquerque, 2015 (emf-portal.org)
O	15	엄마 태내에서 자기장 노출은 출생 후 아기의 비만과 관련이 있으며, 태내 노출 수준 $0.15\mu T$ 이상이 출생 후 $0.15\mu T$(OR 1.7, CI 1.01-2.84) 이하의 낮은 자기장 수준과 비교됨.	Li et al., 2012 (emf-portal.org)
P	30	쥐(Rat)의 경우 태내 및 출산 직후 극도로 낮은 주파수 자기장 노출은 아기 쥐 심근에 손상 유발	Tayefi et al., 2010 (emf-portal.org)

제5장 — EMF는 어린이에 영향을 줄 수 있나? (기타 연구)

밝혀진 사실	연구자 (출처)
환경에서 납과 휴대폰 전자파의 동시 노출은 ADHD 위험 증가	Byun et al., 2013 (journals.plos.org)
휴대폰 사용과 어린이 행동 문제의 연관성	Divan et al., 2012 (emf-portal.org)
어린이 두개골은 성인보다 훨씬 더 많은 방사선을 흡수	Gandhi, O. P., 2015 (ieeexplore.ieee.org)
10세 어린이는 성인보다 153 %나 더 많은 방사선 흡수	Gandhi, O. P. et al., 2012 (tandfonline.com)
휴대폰을 사용하는 11-15세의 청소년은 두통, 편두통, 피부 가려움증 발생 위험 증가	Chiu et al., 2015 (emf-portal.org)
10대 청소년의 휴대폰 사용은 행동 문제 증가 유발	Thomas et al., 2010 (emf-portal.org)
휴대폰 사용은 낮은 수준의 노출로도 뇌종양 발생 위험 증가	Söderqvist et al., 2011 (ehjournal.net)
어린이의 휴대폰 사용과 뇌종양 발생 위험 증가의 연관성	Morgan et al., 2012 (researchgate.net)
자기장(MF)과 어린이 백혈병의 관계는 인간의 발암 가능성과 일치	Schuz et al., 2016 (ncbi.nlm.nih.gov)
20세 이전에 휴대폰을 사용하는 청소년의 경우 뇌종양 발생 가능성 500 % 증가	Hardell and Carlberg, 2013 (ncbi.nlm.nih.gov)

제6장 ─ 세계 각국의 무선주파수 가이드라인

국가 및 기관	안전기준 (V/m)	노트 및 참고 문헌
미국(FCC), 캐나다	61.4	─
벨기에	21	─
러시아, 중국	6	powerwatch.org.uk
Europaem EMF 가이드라인	0.02	밤에 와이파이 라우터 경우 이 자료 참고 (http://www.reseachgate.net)
빌딩생물학 (약간의 차이가 있음)	0.06	수면 장소는 다음 자료 참고 (http://www.createhealthyhomes.com)
Bioinitiative 2012 보고서	0.03	bioinitiative.org
호주	0.02	─
자연 현상	0.00002	전자기 민감도와 전자기 과민성에 관한 Michael Bevington의 연구 발표. 다음 자료 참고 es-uk.info

국가 및 기관	안전기준(mG)	노트 및 참고문헌
국제전기전자공학회 (International IEEE)	9,040	머리와 흉부 노출
국제비전이성방사선보호회 (ICNIRP)	2,000	emfs.info
유럽연합 자문회의	1,000	—
아르헨티나	250	—
브라질	30	상파울루 시의 점검 수치
스위스	10	—
네덜란드, 노르웨이	4	—
이스라엘	2	만성 노출, 연간 평균
어린이 암과 관련된 최저 수준	2	emfcenter.com
Europaem EMF 가이드라인	1	야간 노출. 다음 자료 참고 reseachgate.net
빌딩생물학(약간의 차이가 있음)	1	수면 장소. (http://www.createhealthyhomes.com).
Bioinitiative 2012 보고서	1	bioinitiative.org
자연 현상	0.000002	전자기 민감도와 전자기 과민성에 관한 Michael Bevington의 연구 발표. 다음 자료 참고 es-uk.info

국가 및 기관	안전기준 (V/m)	노트 및 참고문헌
국제전기전자공학회 (International IEEE)	10,000	일반적 방출 조건에서 점검 수치
국제비전이성방사선보호회 (ICNIRP)	5,000	—
유럽연합 자문회의	5,000	—
아르헨티나	3,000	—
코스타리카	2,000	도로 주변
폴란드	1,000	주거지역
러시아, 슬로베니아	500	주거건물
빌딩생물학(약간의 차이가 있음)	1.5	전기장 없는 수면 장소. 다음 자료 참고 (http://www.createhealthyhomes.com).
Europaem EMF 가이드라인	1	야간 노출. 다음 자료 참고 (http://www.reseachgate.net)
자연현상	0.0001	전자기 민감도와 전자기 과민성에 관한 Michael Bevington의 연구 발표. 다음 자료 참고 (http://www.es-uk.info/15-home/)

사진 제공

제3장

Nokia 9000 — Oldmobil 제공 — upload.wikimedia.org/wikipedia/commons/8/88/ Nokia-9110-9000.jpg. 출처 "Creative Commons"(CC BY-SA 3.0) creativecommons.org/licenses/by-sa/3.0/deed.en

SAM의 머리 — Jaume Anguera 제공. esearchgate.net/profile/Jaume_Anguera2/publication/255171502/figure/fig25/AS:324945109372988@14544843 59950/A-model-of-the- specific-anthropomorphic-mannequin-SAM-head.png. 출처 "Creative Commons"(CC BY 3.0) creativecommons.org/licenses/by/2.0/

SAM의 휴대폰 검사 장비 — CBC's Marketplace 폭로 프로그램 "The secret inside your cellphone"으로부터 스크린 캡쳐. 2017년 6월 25일 검색. 다음 자료 참고 youtube.com/watch?v=Wm69ik_ Qdb8&app=desktop

제4장

스마트폰 주변에서 춤추는 개미 — 유튜브 ViralVideoLab의 "Ants Circling My Phone - iphone ant control - Ameisen umkreisen iphone"으로부터 스크린 캡쳐. 2017년 6월 25일 검색. 다음 자료 참고. youtube.com/watch?v=GFX7mRl7xDs 칼슘채널(VGCC) 경로 — Martin Pall 박사의 허가로 사용(일부 수정하였음). 보다 깊이 있는 연구는 다음 자료 참고. youtube.com/ watch?v=Pjt0iJThPU0

손상된 뇌혈관 보호막을 보여주는 쥐(Rat)의 뇌 — Brigitte May 제공. static-content.springer.com/esm/ art%3A10.1186%2F2040-7378-4-6/MediaObjects/13231_2012_52_MOESM8_ESM.jpeg. 출처 "Creative Commons"(CC BY 2.0) creativecommons.org/licenses/by/2.0/

제5장

휴대폰 기지국 부근 거주자의 증상 — Santini et al.의 연구 결과로 Magda Havas 박사의 허가로 사용함.

iPotty — odels 제공. flickr.com/photos/odels/8513383067/. 출처 "Creative Commons"(CC BY 2.0) creativecommons.org/licenses/by/2.0/

제6장

Google 프로젝트 Loon — ilitephoto 제공. flickr.com/photos/ilitephoto/9052643301/in/ photostream/. 출처 "Creative Commons" (CC BY 2.0) creativecommons.org/licenses/by/2.0/

제7장

Eco-Wifi — Jan-Rutger Schrader 박사의 허가 하에 사용됨

숨겨신 셀 타워 — **사진 #1** - upload.wikimedia.org/ wikipedia/commons/b/b3/Cell_phone_tower_disguised_2008.jpg., **사진 #2** — upload.wikimedia.org/wikipedia/commons/c/c2/Flagpole_ Monopole_ Concealed_Cell_Tower.jpg., **사진 #3** — upload.wikimedia.org/wikipedia/commons/a/a0/BTS_NodeB_antenna_ Sopot.jpg., **사진 #4** — upload.wikimedia.org/wikipedia/commons/6/66/PalmCellTower.jpg. 출처 "Creative Commons"(CC BY 2.0) creativecommons.org/licenses/by/2.0/

고압선 아래의 형광등 — BaronAlaric 제공 - commons.wikimedia.org/wiki/ File:Fluorescent_tube_under_electric_line.jpg#/media/File:Fluorescent_tube_under_power_ lines_SETUP.JPG. 출처 "Creative Commons"(CC BY-SA 3.0)creativecommons.org/licenses/by-sa/3.0/

전자파 환경성 질환과 예방법
무선통신시대의 건강 안내서

초판 1쇄 발행일 2019년 5월 30일

지은이 니콜라스 피놀트
옮긴이 박석순
펴낸이 박영희
책임편집 박은지
디자인 최민형
마케팅 김유미
인쇄·제본 AP프린팅
펴낸곳 도서출판 어문학사
　　　　서울특별시 도봉구 쌍문동 523-21 나너울 카운티 1층
　　　　대표전화: 02-998-0094 / 편집부1: 02-998-2267, 편집부2: 02-998-2269
　　　　홈페이지: www.amhbook.com
　　　　트위터: @with_amhbook
　　　　페이스북: https://www.facebook.com/amhbook
　　　　블로그: 네이버 http://blog.naver.com/amhbook
　　　　　　　다음 http://blog.daum.net/amhbook
　　　　e-mail: am@amhbook.com
　　　　등록: 2004년 4월 6일 제7-276호

ISBN 978-89-6184-924-1 03560
정가 18,000원

이 도서의 국립중앙도서관 출판시도서목록(CIP)은 e-CIP홈페이지(http://www.nl.go.kr/eci와
국가자료공동목록시스템(http://www.nl.go.kr/kolisnet)에서 이용하실 수 있습니다.
(CIP제어번호: CIP2019019019)